空间电推进科学与技术丛书

特种空间帆和
电动力绳系推进技术

Advanced Space Sail and
Electrodynamic Tether Propulsion Technology

李永　谢侃　于洋　史东华　魏延明　著

科 学 出 版 社

北 京

内 容 简 介

本书对两种典型的在空间环境工作的无工质电推进技术——特种空间帆和电动力绳系推进技术进行了详细阐述。本书首先介绍特种空间帆和电动力绳系推进技术在国内外的研究进展;然后对其工作的空间环境,如地磁场环境、地球电离层环境、太阳风环境进行说明;之后详细介绍典型的特种空间帆——电帆和电动力绳系推进的组成和工作原理;在此基础上,对电帆和电动力绳系推进技术的关键技术进行详细阐述;接着介绍电帆和电动力绳系推进系统的研制方法,以及这两类无工质推进的在轨应用方案;最后对其他基于空间环境利用的若干新型空间推进技术进行简要说明。

本书可供从事空间电推进技术研究的学者、高校及研究院所相关专业的老师和学生,以及从事空间推进技术应用工作的技术人员阅读。

图书在版编目(CIP)数据

特种空间帆和电动力绳系推进技术/李永等著. —
北京:科学出版社,2019.12
(空间电推进科学与技术丛书)
ISBN 978 - 7 - 03 - 062731 - 5

Ⅰ.①特… Ⅱ.①李… Ⅲ.①电推进 Ⅳ.①V514

中国版本图书馆 CIP 数据核字(2019)第 233196 号

责任编辑:徐杨峰 / 责任校对:谭宏宇
责任印制:黄晓鸣 / 封面设计:殷 靓

科学出版社 出版
北京东黄城根北街 16 号
邮政编码:100717
http://www.sciencep.com
南京展望文化发展有限公司排版
苏州市越洋印刷有限公司印刷
科学出版社发行 各地新华书店经销
*

2019 年 12 月第 一 版 开本:B5(720×1000)
2019 年 12 月第一次印刷 印张:11 1/2
字数:220 000
定价:90.00 元
(如有印装质量问题,我社负责调换)

丛书序

　　喷气推进通过将工质流高速向后喷出,利用动量守恒原理产生向前的反作用力使航天器运动变化,在此过程中消耗质量和能量。根据能量供应的形式,可以分为基于燃料化学能的化学推进和基于外部电能源的电推进。电推进的设想由俄国物理学家齐奥尔科夫斯基和美国物理学家罗伯特·戈达德分别在 1902 年和 1906 年提出,与传统化学火箭提出时间基本一致。但是由于其技术复杂性和空间电功率等限制,早期电推进的发展明显滞后于化学推进。20 世纪 50 年代,美国和苏联科学家对电推力器进行了理论研究,论证了空间电推进的可行性,并开始了电推进技术的工程研究。1960~1980 年是电推进技术成熟发展并开始应用的主要发展阶段,几位电推进的先驱者留下了探索的足迹。

　　空间飞行器对燃料消耗量非常敏感,推进器的比冲成为最重要的性能指标。化学推进受到推进剂焓能限制和耐高温材料的制约,比冲达到 340 s 水平后几乎再难以大幅度提升;电推进可以借助于外部电能,突破传统化学推进比冲的极限,目前已经很普遍地达到 1 000~3 000 s 的高比冲,并且远未达到其上限。

　　电推进由于其高比冲、微推力等主要特征,在长寿命卫星、深空探测、无拖曳控制等航天工程中正日益发挥极其突出的作用,成为航天推进技术的前沿,受到世界各国的重视;智慧 1 号探月卫星、隼鸟号、深空 1 号、全电推进卫星等的成功应用,标志着电推进技术逐渐走向成熟,在未来航天领域的重要性日益凸显;中国的电推进经过了漫长的发展储备期,在离子推进、霍尔推进、电弧推进、脉冲等离子体推进等方面取得了坚实的进展,2012 年实践 9 号卫星迈出了第一个空间验证的步伐,此后实践 13、实践 17 等卫星进入了同步轨道应用验证和工程实施阶段。

　　我国电推进的学术交流蓬勃发展,其深度、广度和影响力持续提高,电推进学会发展走入正轨,对促进电推进技术的知识共享、扩大影响、壮大队伍、加快技术进步发挥了巨大的作用。

　　在此背景下,我国电推进行业的发展和人才培养急需一套电推进技术领域的专业书籍,科学出版社和中国宇航学会电推进技术专业委员会合作推出了这套丛书,希望这套丛书的出版,对我国航天推进领域科学技术的发展起到推动作用。

丛书在编辑过程中得到北京控制工程研究所、上海空间推进研究所、兰州空间技术物理研究所、北京理工大学、北京航空航天大学、哈尔滨工业大学、空间技术研究院通信卫星事业部、航天工程大学、西安微电子技术研究所、合肥工业大学、上海交通大学等单位的大力支持,对此表示感谢。

由于电推进技术处于快速发展中,丛书所包括的内容来不及涵盖最新的进展,书中的不足之处在所难免,敬请广大读者和同行批评指正。

丛书编委会
2019 年 7 月

前　言

在众多电推进技术类型中,有少数几种类型是不需要消耗航天器自身携带的工质就可以产生推力的,这就是人们常说的无工质电推进技术。空间特种帆类推进和电动力绳系推进都属于此种类型的推进技术,它们都是利用了特殊的空间环境来为航天器提供推力。

电帆是空间特种帆中的一种重要类型,它是一种典型的无工质电推进。电帆与太阳帆不同,它没有实体帆面,取而代之的是数根带正电势的细长导线,这些导线周围都是正电场,当太阳风中同样带正电的质子穿越电帆导线周围的正电场时,质子的运动轨迹会发生偏转,从而与航天器产生动量交换,进而产生推力,使航天器获得速度增量。通过调节不同导线的电场大小,可以调节推力大小和方向,进而实现对航天器轨道和姿态的控制。

电动力绳系是另一种无工质电推进。它充分利用了地磁场及地球电离层的空间环境。电动力绳系在轨道上运行时,通过与地磁场相互作用,以及与空间电离层交换带电粒子,使绳系与地球电离层之间产生闭环电流,并在地磁场作用下使绳系上产生洛伦兹力。通过控制绳系中的电流大小和方向,可以实现对电动力绳系洛伦兹力大小和方向的控制,从而控制飞行器的变轨过程。

多年来,北京控制工程研究所和北京理工大学分别针对电帆推进技术和电动力绳系推进技术开展了深入研究,对这两种推进技术的作用机理和工作机制进行了深入阐述,对它们所涉及到的关键技术进行了深入分析并开展了相关的试验验证,在此基础上,分别研制了电帆和电动力绳系的样机产品,并提出了这两类推进技术的后续应用方案。

为了让更多从事电推进技术的研究人员了解电帆推进技术和电动力绳系推进技术,北京控制工程研究所联合北京理工大学将相关的研究成果进行了汇总整理,编写了此书。书中首先介绍了特种空间帆和电动力绳系的基础知识和国内外研究进展,之后对这两种推进技术应用的典型空间环境:地磁场、地球电离层、太阳风环境进行了介绍,然后详细阐述了典型的特种空间帆——电帆和电动力绳系的系统组成和工作原理,并对这两种推进技术所涉及到的关键技术进行了讲解,之后又介绍了针对两种推进技术所开展的地面试验验证情况,同时介绍了这两种推进样机的研制过程,在此基础上提出了这两种推进技术的在轨应用方案,本书最后对其他基于空间环境利用的新型推进技术进行了介绍。

书中关于电帆推进和电动力绳系推进的理论知识,可以为从事相关领域研究的学者和专业人员提供参考,书中关于这两种技术的具体实现方式,也可以为从事该技术应用的工程技术人员提供借鉴。

本书由李永、谢侃、于洋、史东华、魏延明主编,其中李永、于洋和魏延明来自北京控制工程研究所,谢侃和史东华来自北京理工大学。参加编写的同志还有武云丽、王昱、王斌、赵博强、李山、汤章阳、李宗良等同志。此外,哈尔滨工业大学的于达仁、宁中喜、魏承,大连理工大学的夏广庆,中科院力学所余西龙、李飞等,为本书的编写提供了宝贵素材和大力支持,在此一并表示感谢。本书编写过程中,参考了大量图书和文献,在此也向有关作者表示感谢。

由于本书涉及专业面较为广泛,加之编者水平所限,难免有疏漏和不当之处,恳请读者批评指正。

编　者
2019 年 10 月

目　录

第3章　电帆和电动力绳系组成与工作原理

第4章　电帆和电动力绳系的关键技术

第5章　电帆和电动力绳系的地面试验验证

第 6 章　电帆和电动力绳系推进系统的研制

第 7 章　电帆和电动力绳系的在轨应用方案

第 8 章　基于空间环境利用的若干新型空间推进

第1章
绪　论

1.1　特种空间帆推进概述

  航天器在轨长期稳定运行,应具备产生推力的能力,推力若由航天器自身产生,则需要携带大量的工质,并配备复杂的系统;人类一直在开展无工质推进技术的研究,如果采用这类技术,航天器无须携带工质就能够产生推力。

  空间帆推进是一种典型的无工质推进技术。空间帆推进是利用太阳光、太阳风或等离子体携带的定向能量,通过与航天器的动量交换获得推力的推进技术,按照工作原理,可以分为太阳帆、电帆、磁帆、等离子帆等类型。空间帆推进技术能够提供非常小的推力,适用于太阳系内推力要求低的特种深空探测任务。

  太阳帆(solar sail)是使用巨大的薄膜镜片,将太阳光及太阳射出的高速粒子的辐射压通过动量转换的方式产生推力。虽然太阳光的辐射压非常小,且与距太阳距离的平方成反比,但是太阳帆不需要消耗推进剂。尽管太阳帆的推力很小(mN级),但只要太阳光持续照射,太阳帆就可以连续工作,因此特别适用于行星际航行。2001年7月20日,行星学会发射了世界上首个使用太阳帆作为航天推进动力的航天器"宇宙1号"太阳帆,如图1-1所示,然而,由于没能与第三级火箭分离,它最终坠毁。之后,日本和美国均成功发射了太阳帆探测器。

  伊卡洛斯号(Ikaros)是由日本宇宙航空研究开发机构(Japan Aerospace Exploration Agency,JAXA)研制的太阳帆探测器,于2010年5月21日发射,是世界上首个用于深空探测的太阳帆航天器,用于开展金星探测。太阳帆的形状为边长14 m的正方形,厚度仅为7.5 μm,由能够承受太空环境的聚酰亚胺制成,质量约为15 kg。帆面边缘贴了液晶元件,用于改变光压分布,进而产生控制力矩。该太阳帆的展开

图1-1　"宇宙1号"太阳帆

效果图如图 1-2 所示。

　　纳米帆-D 是由美国国家航空航天局(National Aeronautics and Space Administration, NASA)研制的太阳帆航天器,于 2010 年 11 月 19 日发射,是首个进入地球近地轨道飞行的太阳帆航天器。纳米帆-D 卫星是一颗小立方星,搭载在 FastSat 卫星上发射,展开后的太阳帆面积为 9.29 m^2。该太阳帆的展开效果图如图 1-3 所示。

图 1-2　伊卡洛斯号(Ikaros)太阳帆展开效果图　　　图 1-3　纳米帆-D 太阳帆展开效果图

　　电帆(electric sail)是芬兰科学家 Pekka Janhunen 于 2004 年提出的。电帆利用由空间中带正电导线产生的电场,使太阳风中的质子在电场中发生偏转,通过动量交换的方式使航天器获得推力。电帆由若干条细长、均匀展开的导线组成,电帆中心的电子枪发射电子,使导线保持较高的正电势,从而在导线周围形成一个很强的正电场,如图 1-4 所示。由于电帆没有固定帆面,且质量比太阳帆轻,因此特别适合深空探测任务。一个标准尺寸的电帆有 20~100 条导线,质量小于 100 kg,可以产生 1 N 的推力。电帆的概念一经提出,就成为国际推进领域的研究热点,目前共有 20 多个大学和研究机构开展了电帆推进相关技术的研究。

　　爱沙立方星 1 号(ESTCube-1 卫星)是由爱沙尼亚研制的一颗搭载电帆试验系统的立方星,于 2013 年 5 月发射,运行轨道为 600~800 km 轨道,目的是测试地球电离层的电帆效应。电帆长度为 10 m,通过自旋展开,自旋周期为 20 s,电子枪电压为 500 V。图 1-5 为该卫星的效果图。

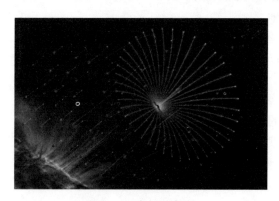

图 1-4　电帆示意图

　　磁帆(magnetic sail)由 Andrews 和 Zubrin 于 1988 年首次提出,它是一种利用太阳辐射出的带电粒子在固定磁场中偏转,而将部分动量传递给航天器以获得加速度的推进技术。此外,磁帆也可以利用太阳或行星的磁场斥力获得推力。磁帆由一个巨大的环形超导线圈构成,通电后形成磁场,如图 1-6 所示。

图 1-5　ESTCube-1 卫星效果图

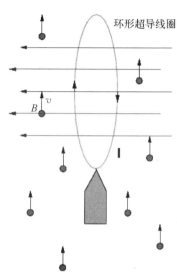

图 1-6　磁帆原理示意图

　　太阳风中包含稀薄的等离子体,在地球轨道附近,每立方米有上百万的质子和电子,速度达到 400~600 km/s。磁帆使用超导线圈产生磁场,在航天器周围形成如图 1-7 所示的"磁气圈",使得射向航天器的带电粒子偏离原来的运动轨迹,从

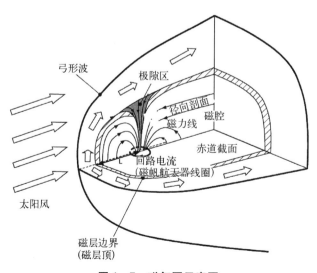

图 1-7　磁气圈示意图

而将粒子的动量传递给航天器,产生推力。

磁帆需要使用超导材料产生巨大的磁场,所需超导线圈的直径极大,质量很大,成本很高,难以实现工程应用,国外的研究也只是停留在理论研究阶段,技术成熟度仅为2级。

1.2 电动力绳系推进概述

与传统喷气推进方式相比,电动力绳系(electrodynamic tether, EDT)是一种无须或极少消耗推进剂的推进技术。EDT充分利用了地磁场及电离层空间环境。在空间轨道上运行的EDT通过与空间环境中的地磁场相互作用,以及与空间电离层交换带电粒子,使绳系与地球等离子体层之间产生闭环电流,并在地磁场背景下使绳系上产生洛伦兹力。

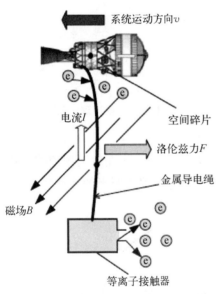

系统运动方向υ

电流I

空间碎片

洛伦兹力F

金属导电绳

磁场B

等离子接触器

图1-8 EDT洛伦兹力产生的基本原理

图1-8是空间中EDT产生耦合电流和洛伦兹力的基本原理:利用导电绳连接两个飞行物体,充分利用地球等离子层空间,在绳系一端发射电子,另外一端收集电子或利用裸导电绳作为阳极收集电子;通过上述方式,绳系与其所处电离层进行带电粒子(电子或离子)交换,使具有电动势的导电绳与周围空间电离层构成闭合回路,在绳系中产生稳定的电子流,从而形成闭合回路电流;流过电流的导电绳在地磁场作用下产生洛伦兹力。通过控制绳系中的耦合电流大小和方向,可以实现对EDT系统的洛伦兹力大小和方向的控制,从而可以控制飞行器的变轨过程。

EDT系统有两种工作模式:一种是发电机模式,其洛伦兹力做功时会使EDT系统的机械能(飞行器的动能和轨道势能)耗散,从而实现飞行器的轨道高度下降,即将飞行器的动能和轨道势能转化为绳系中的电能消耗,该工作模式适用于空间碎片的降轨或航天器的离轨任务,具有重要的社会经济效益;另一种是发动机模式,通过太阳帆板在绳系上加载与切割磁力线产生的电动势相反的电势,使绳系上的电流反向流动,从而将太阳能变为绳系中的电能,进而转化为绳系的机械能,实现航天器轨道高度的提升。图1-9是两种模式情况下的等效原理图。

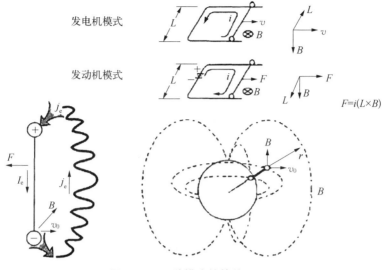

图 1-9 两种模式的等效原理图

1.3 特种空间帆推进的研究进展

1.3.1 电帆基础理论的研究

1. 电帆结构设计

芬兰气象研究所的 Pekka Janhunen 在 2004 年针对磁帆采用的超导技术不容易实现的问题,提出了电帆的概念,并提出了如图 1-10 所示的最早的矩形电帆结构。该结构借鉴了太阳帆的设计概念,但是由于电帆的面积很大(边长在千米级别),因此在制造上很困难,展开也非常困难。后来又提出了如图 1-11 所示的改

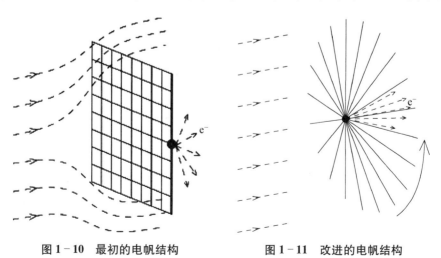

图 1-10 最初的电帆结构　　　图 1-11 改进的电帆结构

进的电帆结构,由若干条电导线组成一个辐射状的圆形帆面。相比于太阳帆,电帆航天器节省的质量可以携带更多的有效载荷。

2. 电帆推力的计算

对于电帆的研究,首先要解决的问题就是导线的设计问题,它决定了电帆的推力大小。Janhunen 和 Sandroos 对太阳风作用在单根导线上的作用力进行了理论推导,并进行了一维和二维数值仿真。

通过研究,得到了单位长度导线推力与电压的函数关系,如图 1 - 12 所示。其中,三条曲线分别对应不同的电子温度,实线为 12 eV,点线为 6 eV,点画线为 24 eV。太阳风等离子体密度为 $n_0 = 7.3\ \mathrm{cm}^{-3}$,速度为 $v = 400\ \mathrm{km/s}$,导线半径为 $r_\mathrm{w} = 10\ \mathrm{\mu m}$。

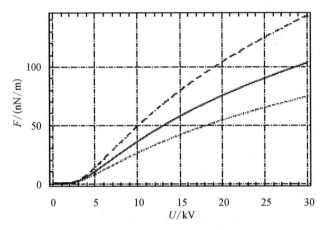

图 1 - 12　单位长度导线推力与电压的函数关系

图 1 - 13 为一维等离子体仿真结果,图 1 - 13(a) 为电子密度的径向情况,点连线为仿真值,实线为模型计算值。图 1 - 13(b) 为电势分布,其中点连线为仿真值,点画线为模型计算值,点线为真空电势值。以上计算结果的负值均被零代替。

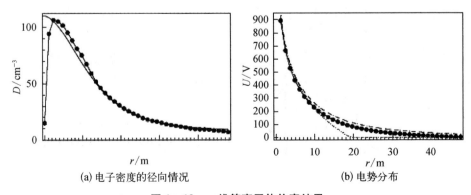

(a) 电子密度的径向情况　　　　　　(b) 电势分布

图 1 - 13　一维等离子体仿真结果

Mengali 等对电帆的推力进行了计算，并提出：一个质量为 100 kg 且配置了 200 条 10 km 导线的电帆，在距太阳 1 AU（日地距离）的地方，推力为 1 N，航天器可以达到 1 mm/s^2 的加速度。对于推力的计算，还要考虑太阳风的变化情况，Toivanen 等对太阳风变化情况下的电帆推力、速度等进行了计算和仿真，指出电帆是适合完成火星探测等深空探测任务的。

单位长度导线的推力为

$$\frac{\mathrm{d}F}{\mathrm{d}z} = \frac{2.2}{\ln(R/r_{\mathrm{w}})}(V_0 - V_1)\sqrt{\varepsilon_0 P_{\mathrm{dyn}}}$$

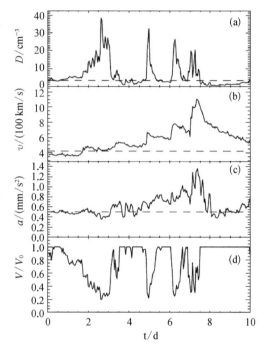

其中，V_0 是导线电压；V_1 是太阳风的截止电压；太阳风动压为 $P_{\mathrm{dyn}} = m_p n_0 v^2 \approx$ 2 nPa。

计算可得，单位长度导线的推力约为 $\mathrm{d}F/\mathrm{d}z = 0.5\ \mu\mathrm{N/m}$。如果导线的总数为 100 条，导线长度为 20 km，则推力为 1 N。

图 1-14 为在 10 天的观察区间内，距离 1 AU 的电帆加速度［图 1-14（c）］随太阳风密度［图 1-14（a）］、太阳风速度［图 1-14（b）］变化的情况。图 1-14（d）为速度处于硬件极限（$v_0 =$ 3.4 cm^3）下的比例。

图 1-14　电帆参数随太阳风变化情况

3. 电帆导线设计

电帆的导线直径通常设计为 20～50 μm，以减轻质量，这对导线的强度提出了更高的要求，Janhunen 提出多条导线组成的导线结构（命名为 Heytether）。这种结构的设计不仅可以增加导线的强度，还可以有效减小微流星体的撞击影响，即使微流星体撞坏某一小段导线，也不会导致整个结构的断裂。如图 1-15 所示，导线的直径为 20 μm，整个结构的宽度为 2 cm。

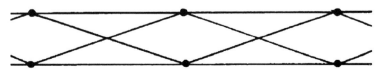

图 1-15　Heytether 结构导线

Janhunen 对导线带负电的情况进行了可行性分析,将其和带正电的导线进行了对比,并指出,虽然带负电的导线存在性能优势,但一些关键问题尚需解决,目前还不能给出确切的结论。

2011 年,Seppänen 等提出一种使用超声波焊接微米级别导线的方法。Janhunen 等设计了一套采用该种焊接方法的导线加工设备,使用该设备加工的导线长度达到了 10 m,如图 1-16 所示。

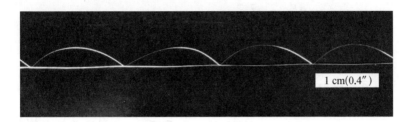

图 1-16 电帆导线

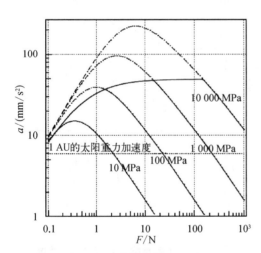

图 1-17 电帆加速度与推力之间的关系

在导线材料的选择上,如果能够找到更好的材料,则电帆的性能将进一步得到提高。电帆的推力基本上与导线单位质量能够承受的抗拉强度成正比。如图 1-17 所示,如果要达到 10 mm/s^2 的加速度,则使用可用抗拉强度为 10 MPa 的铝导线,推力最高可以达到 1 N。如果导线的抗拉强度能提高到 100 MPa,则推力可以达到 10 N。碳纤维等材料,可以使导线的抗拉强度达到 1 000 MPa 以上。

4. 电帆展开方法

电帆的导线较长,在发射前需要缠绕收拢,以节省空间,待发射后,电帆自旋,利用离心力将导线展开。使电帆自旋的方法主要有三种。

1)航天器自旋

该方法是位于电帆轴心的航天器本体自旋,利用导线传导离心力,使得导线自然展开。其优点是方法简单,实现起来较容易。缺点是需要考虑较长导线展开时可能产生的导线间缠绕干扰问题。

2)微型推力器助力

该方法在导线的末端安装如图 1-18 所示的遥控单元,遥控单元上的微型推力器在周向产生推力,使电帆自旋。该方法受限于导线的抗拉强度,要求遥控单元的质量不超过 500 g。

3) 太阳片助力

该方法是在导线的末端安装一个如图 1-19 所示的太阳电池片,利用太阳的光压产生动力,推动电帆自旋。

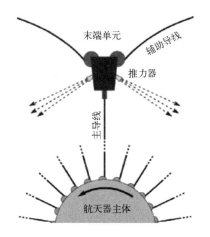

图 1-18　电帆末端的微型推力器

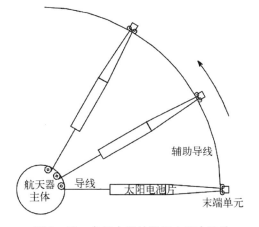

图 1-19　电帆末端的微型太阳电池片

5. 电帆姿态控制

在电帆的旋转面控制方面,Toivanen 和 Janhunen 提出,通过调制电帆上每条导线的电势来控制每条导线上的作用力,利用帆面上分布不均的作用力,产生与太阳风方向不同的静力矩,控制电帆的姿态和推力的指向,图 1-20 中 $\hat{a}$ 即为电帆推力指向与太阳风方向的夹角。

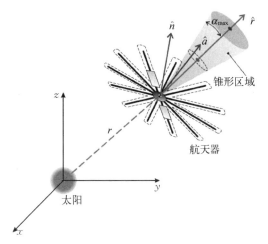

图 1-20　电帆推力指向与太阳风方向的夹角

1.3.2　电帆应用方案研究

电帆具有 24 h 不间断工作的优点,不需要消耗推进剂,只要有太阳风的地方就可以工作,因此特别适合需要长时间飞行的各种深空探测任务,国外学者提出了多种将电帆应用于深空探测任务的方案,如小行星探测、外太阳系星体飞近探测、大行星大气探针、水星采样返回、非开普勒轨道探测、星际帆船等。

1. 小行星探测

很多小行星由于质量小,没有行星引力效应,使用化学推进、电推进的航天器无法接近并探测这些小行星。电帆推进可以不间断工作,因此特别适合小行星探测任务。在主星体带,电帆可以在"逼近飞行(flyby)"模式下探测5~8颗小行星,在"交会(rendezvous)"模式下探测1~3颗小行星。交会意味着进入小行星轨道,做长时间的近距离探测。电帆还可以用于小行星采样、小行星挖掘。

2. 外太阳系星体飞近探测

外太阳系(outer solar system)位于太阳系的外围空间,其中很多的星体还不为我们所知,对这些星体的探知是空间科学研究领域的前沿课题。受运载能力的限制,外太阳系的探测一直寄希望于核推进上。然而,核推进暂时存在安全问题,投入大,开展实施困难。

电帆可以推动中小质量载荷的航天器以很高的速度快速到达外太阳系。由于飞行速度非常高,对外太阳系星体实际上仅可能进行"逼近飞行"。在外太阳系存在着大量的星体,如柯伊伯带(Kuiper belt)星体、半人马座(Centaurs)星体等。对这些星体的详细研究很难通过逼近飞行方式开展,可行的解决方案是制造大量的小尺寸飞近探针,分别探测不同的星体。这些探针可以一起发射,也可以采用和其他航天器搭载发射。由于电帆可以产生极大的速度增量,任何逃逸轨道的发射任务都可以搭载电帆的发射。

3. 大行星大气探针

电帆还可以向大行星的大气层发送探针。伽利略探针已经对木星大气层进行了精确的测量。其他三个有大气层的星体的探测,具有很高的科学研究价值。电帆可以一次性发射4个或5个大气探针到大行星,探测这三个有大气层的星体。为了降低研发成本,这些探针可以完全相同,只需针对不同的星体改变热防护罩的大小。表1-1是1N量级的电帆在不同有效载荷情况下,探测出不同星体所需要的飞行时间。

表1-1   电帆所需要飞行时间/a

质量/kg	木 星	土 星	天王星	海王星
500	1.0	1.7	3.1	4.6
1 000	1.6	2.8	5.3	8.0
1 500	2.5	4.6	9.6	14.9

4. 水星采样返回

电帆在 1 mm/s^2 的加速度下,9个月可以到达水星。为了完成水星探测,航天器质量大概需要 2 t,包括水星着陆器和制动火箭。电帆不能一次携带全部质量,需要分成两个电帆完成任务,其中一个电帆飞入水星轨道,弹出电帆帆面,利用制动火箭在水星表面着陆(考虑逃逸速度,速度增量为 4.3 km/s)。着陆器在水星采样后,放入返回舱中,用化学火箭发射到水星低轨道(速度增量为 3 km/s)。另外一个电帆从地球出发,释放一个单独的捕获航天器,与水星轨道的返回舱交会对接,然后将其推入电帆,交会对接后返回地球附近,利用双曲线再入轨道使水星采样着陆。

5. 非开普勒轨道探测

电帆产生连续的推力,可以抵抗低重力场,将航天器悬浮在非开普勒轨道(non-Keplerian orbit)。这种轨道的潜在应用非常多。在近地空间,电帆可以在向阳面的"地球-太阳"拉格朗日 L1 点观测太阳风,对空间的气象预报将比现在拉格朗日点探针 SOHU 和 ACE 延长约 1 个小时。

电帆还可以在近地空间的有利位置进行长期的科学监测,如寻找新的"小型月亮"(mini-moon)和行星。这样的观测在地球轨道是很难进行的,因为会出现光学望远镜朝向太阳的危险。

6. 星际帆船

电帆在太阳系可以相对自由地飞行,因此可用作太阳系内的"帆船",在星际间运输航天器、供给物资等。电帆不需要消耗推进剂,可以永久在空间工作,其寿命只取决于关键部件的寿命。电帆可以连续工作,速度持续增加,使其在长距离的飞行上具有其他航天器无可比拟的优势。

在深空探测任务的分析和研究方面,Mengali 和 Quarta 对电帆的非开普勒轨道飞行进行了分析,并和太阳帆进行了对比。他们还对电帆航天器探测太阳系的外围空间等任务进行了分析,指出电帆用 15 年时间可以到达 100 个日地距离的外太阳系。此外,星际太阳风层顶探测任务(Interstellar Heliopause Probe)被认为是进一步测试电帆向太阳顶鼻(heliopause nose, 200 ua)最佳转移的参考任务。图 1-21 为电帆以 2 mm/s^2 的加速度飞向太阳顶鼻的第一段转移轨迹。

Quarta 等对电帆执行的 1 025 个危险小行星探测任务进行了分析,指出 67% 的小行星电帆可以在 1 年内到达,其中有 137 个小行星只需要不到 6 个月时间就可以完成,还特别针对 99942 号小行星(毁神星,或阿波菲斯)的飞行任务将电帆和太阳帆进行了对比分析,指出电帆需要的时间更短,有效载荷携带量更多。图 1-22 所示电帆以 1 mm/s^2 的加速度飞向 99942 号小行星阿波菲斯(Apophis)的转移轨迹。

Merikallio 等对电帆转移危险小行星飞行轨迹的任务进行分析并指出,一个直径 140 米、质量 300 万吨的小行星,用 1 N 推力的电帆 10 年可以完成任务,用 5 N

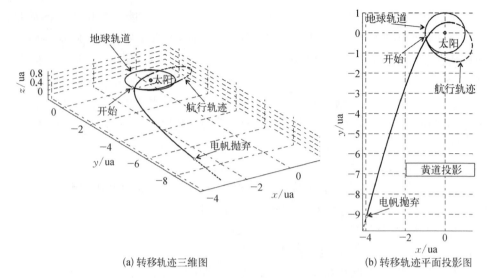

(a) 转移轨迹三维图   (b) 转移轨迹平面投影图

图 1 - 21　电帆飞向太阳顶鼻的第一段转移轨迹

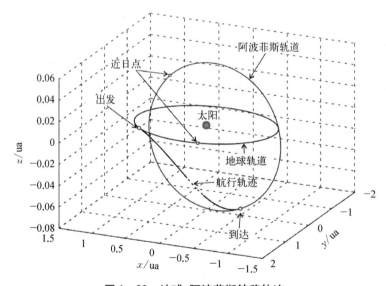

图 1 - 22　地球-阿波菲斯转移轨迹

推力的电帆 5 年即可完成任务。Quarta 等对近地小行星 1998 KY26 的采样任务进行了分析。

1.3.3　电帆试验卫星研制

欧盟的 E - Sail EU FP7 项目(2011~2013)是一个资助电帆研究的项目。在该项目的支持下,欧洲多个国家开展了 3 颗技术试验卫星的研制,分别是爱沙尼亚的 ESTCube - 1 卫星、芬兰的 Aalto - 1 纳米卫星、意大利的 SWEST 卫星。

1. 爱沙尼亚 ESTCube‐1 卫星

ESTCube‐1 是一颗 1.3 kg 的纳米卫星,主要由爱沙尼亚塔尔图大学(University of Tartu)设计制造,如图 1‐23 所示。采用一个单元的 CubeSat 标准架构,尺寸 10 cm×10 cm×10 cm。卫星搭载的电帆导线长度为 10 m,微型电子枪的电压为 500 V,电帆自旋周期 1 s,推力大约为 1 μN。卫星的主要目的是测试地球近地轨道下,空气电离产生的等离子体与通电导线之间的相互作用力,也称作电帆效应(e-sail effect)。当卫星运动到地球电离层时,卫星与等离子体之间的速度差将会产生一个很小的推力,这个推力可以用来验证电帆效应的等离子体作用理论。这个微小推力可以通过计算由导线作用力引起的卫星自转周期变化来估算。

图 1‐23   爱沙尼亚 ESTCube 卫星

当卫星运动到地球"磁气圈"外时,没有地磁场的保护,太阳风将无处不在,卫星和太阳风的速度差增大,推力也将增大。

图 1‐24 为 ESTCube 相对于地球磁极的轨道与朝向,ESTCube 运行在 600~800 km 的轨道上,此时地磁场的洛伦兹力恰好在电帆导线旋转平面内,对电帆的旋转运动不产生任何影响。

图 1‐25 为 ESTCube 的初步结构设计,采用的是加州理工学院与斯坦福大学制定的 CubeSat 标准架构。主体框架和侧板使用铝制造,牌号为 AW 6061‐T6。每侧的两个太阳帆板用于产生电能,供给卫星使用。太阳敏感器用于卫星姿态测量。两根通信天线缠绕后安装于侧板上,待入轨后展开。卫星的内部主要有五块印制电路板(printed circuit board, PCB),每一块电路板对应着卫星的一个分系统,按照从上到下的顺序分别是姿态控制分系统(attitude determination and control system,

ADCS)、指令与数据传输分系统（command and data handling system，CDHS）、载荷（payload）、电源分系统（electrical power system，EPS）和通信分系统（communication system，COM）。

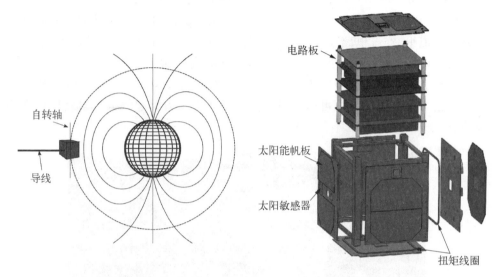

图 1 - 24　ESTCube 相对于地球
磁极的轨道与朝向

图 1 - 25　ESTCube 的结构设计

2. 芬兰 Aalto - 1 卫星

Aalto - 1 是芬兰研制的一颗 CubeSat 3U 架构的纳米卫星，尺寸 0. 1 m×0. 1 m×0. 3 m，质量 3 kg，最大功耗 8 W，如图 1 - 26 所示。卫星搭载了 4 条电帆导线，卫星的主要测试项目有：

图 1 - 26　芬兰 Aalto - 1 卫星

（1）验证多线结构导线的展开。

（2）测量地球电离层的随机运动与通电导线的相互作用力。

（3）验证电帆用于卫星离轨制动的可行性。

3．意大利 SWEST 卫星

SWEST 卫星是由意大利的 Alta Space 公司制造的一个 60 kg 的卫星，其搭载一项太阳风电帆试验（solar wind electric sail test，SWEST），该卫星用 4 条 1 km 长的导线测量太阳风中的电帆效应（e-sail effect），如图 1－27 所示。

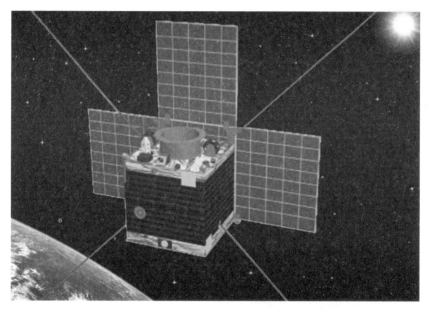

图 1－27　意大利 Alta Space 公司电帆搭载星

1.4　电动力绳系推进的研究进展

1.4.1　国外研究进展

1．国外试验研究

目前各国学者进行了许多电动力绳系太空试验、地面物理仿真及相关理论研究。据统计，NASA、加拿大航天局（Canadian Space Agency，CSA）、意大利航天局（Italian Space Agency，ISA）、日本空间科学研究所（Institute of Space and Aeronautical Science，ISAS）及 JAXA 等多个国家研究部门皆已开展过多次EDT 在轨试验并取得了一定成果，表 1－2 列出了历年来的空间绳系的试验研究。

表 1-2 空间绳系在轨试验研究

发射年份	研究机构	项目名称	绳系长度	主要研究	成功与否
1967	NASA	Gemini-1	30 m	重力梯度验证	是
1967	NASA	Gemini-2	44 m	重力梯度稳定	是
1983	NASA/ISAS	CHARGE-1	500 m	电子的收集与发射	是
1985	NASA/ISAS	CHARGE-2	500 m	接收甚低频电磁	是
1992	NASA/ISA	TSS-1	268 m	绳系的展开、电流、电压的响应	否
1993	NASA	SEDS-1	20 km	绳系的控制与展开	否
1993	NASA	PMG	500 m	验证空心阴极离子接触器技术	是
1994	NASA	SEDS-2	20 km	绳系的展开与控制	是
1995	CSA	OEDIPUS-C	1 km	研究电离层中的自然波和人造波	是
1996	NRL	Tips	4 km	绳系的生存能力及稳定性	否
1996	NASA	TSS-1R	19.7 km	电流产生	大部分是
1997	ESA	YES	35 km	绳系释放再轨	否
2005	NASA	ProSEDS	19 km	裸线电动力绳系降轨	任务取消
2007	ESA	YES2	32 km	绳系制动展开	是
2007	NASA	MAST	1 km	绳系生成能力	否
2010	ISAS/JAXA	T-REX	0.3 km	裸系绳电荷采集技术	大部分是
2016	JAXA	KITE	0.7 km	空间碎片降轨	否

图 1-28 TSS-1 在轨试验空间展开效果图

1992 年 7 月,NASA 和 ISA 联合进行了第一次比较完整的 EDT 在轨试验,通过"Atlantis"号航天飞机释放了一颗意大利研制的绳系卫星系统 TSS-1。图 1-28 为 TSS-1 展开后的效果图,上段采用球型电子收集装置。

该项目是为了验证重力梯度稳定理论及等离子层的电子收集理论。绳系原预计展开 20 km,但绳系控制装置上一个螺栓安装不当,导致绳系被卡住,最终绳系仅释放了 20 m,大部分试验设备因感应电流太小而未被驱动。但是在轨完成了多项科学试验研究,如电磁感应产生的电流、电离层低频波测量、电动力特性和无线电物理研究等;TSS-1 试验是 EDT 的首次试验,验证了 EDT 作为推进装置的可行性。

1993 年,NASA 在 Delta-II 火箭上进行了 PMG(Plasma Motor Generator)试验,该项试验主要验证了电动力绳系的两种工作模式。该试验成功展开了一根 500 m 长的 18 号标准绝缘铜线,测试了空心阴极等离子接触器在飞船和电离层之间提供低阻抗双向耦合电流的能力。试验中,绳系上产生的电流高达 0.33 A。PMG 试验的成功促进了在国际空间站(International Space Station,ISS)上应用空心阴极来释放空间站的太阳能帆板发电聚集的电荷。

1996 年,NASA 在 TSS-1 试验的基础上进行了 TSS-1R 试验,如图 1-29 所示,绳系一端采用巨大的球形电子收集器。TSS-1R 任务是将绳系展开到 20.7 km,为了验证感应电场中耦合电流的产生,绳系最终展开到 19.7 km。

该试验得到了绳系中的感应电动势、电场、电流等数据。另外,试验发现了新的电流收集特性。由于电流控制电路没能有效控制电流,大电流击断了绳系。理论和试验数据都表明,

图 1-29 TSS-1R 在轨状态图

如果导体终端能从电离层中获得足够多的电子,导线绳就能产生非常大的洛伦兹力。

2002 年,NASA 启动了 ProSEDs 电动力绳系计划,目的是验证 EDT 降轨 Delta-II 火箭末级能力,在 Delta-II 平台上,释放的 5 km 导电绳计划用来收集 2 A 的电流,同时产生 0.4 N 的电动力(洛伦兹力),使火箭碎片以 5 km/d 的速度降轨。

ProSEDs 项目的另一个目的是验证裸导电绳作为阳极收集电离层电子的能力。然而,2003 年 2 月,美国的"哥伦比亚号"航天飞机爆炸事件,导致了 ProSEDS 项目被迫取消。虽然此次空间在轨试验未能够顺利进行,但是围绕该项目进行的理论研究和任务设计思路极大地推动了电动力绳系推进技术的发展。

2010 年 3 月,JAXA 研制的 T-REX 系统由"S520-25"号火箭搭载升空至 309 km 高度进行试验。T-REX 项目演示了一种"双边带状绳子"的展开过程,该试验第一次将带状结构的绳子用在 EDT 上。试验中,绳系按照模拟时间将绳子成功地展开到 300 m 长度,并且将展开过程视频传输到了地面。该飞行试验成功地展示了绳系伸展的过程,以及在太空中将空心阴极快速点火的功能。

2016 年,JAXA 启动 KITE(Konotori Integrated Tether Experiment)试验项目。KITE 试验的主要任务是实现空间碎片的主动清除,如图 1-30 所示,EDT 装置安

图 1 - 30　KITE 在轨状态空间图

装在无人货运飞船"鹳"6 号机上，发射升空的货运飞船向距地面 400 km 的空间站运送生活物资后将下降到 380 km 高度。

KITE 是首次同时采用裸线电动力绳系和发射阵列来发射电子的试验，计划释放 700 m 绳系，预计产生 10 mA 的电流，通过 7 天的降轨时间实现空间碎片的销毁。在 7 天的空间任务中主要实现：① 释放 700 m 的导电裸线绳系；② 测量绳系和终端的动力学特性；③ 裸线绳系的电子收集能力；④ 场发射电子的能力；⑤ 系统的推力测量。

2. 电动力绳系的电子电流收集与发射研究

在电子电流收集方面，Sanmartin 提出了一种新型的等离子收集装置，即利用裸导电绳自身作为一种收集电子装置来提高绳系的电子收集能力，同时也提出了新的电子收集理论，即轨道限制（orbital motion limited，OML）理论。该理论能很好地描述裸线表面收集电子的现象。

近几年的数值分析和飞行试验也验证了 OML 理论的合理性。在发射电子方面，目前大多采用的是空心阴极等离子体接触器，空心阴极等离子体接触器的电流-电压特性是其中的研究热点。有学者通过引入绳系阻抗来建立电流电压（C-V）曲线，重点研究空心阴极的发射特性；Blash 等基于实际的空心阴极建立了电压-电流曲线预估模型，用于 EDT 系统的降轨性能仿真；Domonkos 等研究了在低流量下，限流孔板尺寸的大小对发射特性的影响，得出了低功耗下偏置电压与发射特性的关系。

1.4.2　国内研究进展

到目前为止，我国还没有进行与电动力绳系相关的在轨飞行试验，对电动力绳系技术的研究目前仅仅处于理论和部分功能地面物理仿真阶段。

南京航空航天大学机械结构力学及控制国家重点实验室研制的绳系卫星仿真试验平台，利用气浮平台对空间绳系卫星的动力学进行仿真，该系统的特色在于通过天-地动力学相似准则，由喷气来实现空间动力学环境，并利用气浮平台对空间绳系卫星的动力学进行了仿真。

北京理工大学喷气推进实验室进行了 EDT 的核心部件空心阴极等离子体接触器（hollow cathode plasma contactor，HCPC）的地面试验，重点研究了 HCPC 的实际放电特性，已通过地面试验证明了其具有与外界环境进行等离子体电荷交换的能力,完成了充放电循环试验,并测量得到了相关参数。谢侃等应用一维模型来描述在空心阴极接触器下游的等离子体自由膨胀过程,并在理论研究基础上提出了加装被动式放电室的 HCPC 方案;与仅有空心阴极的等离子体接触器相比,该方案具有最低的能量成本,但是可获得更大的钳位电流,为未来的高性能 EDT 的研发提供了新思路。

第2章
空间环境概述

2.1 地磁场环境

EDT 系统利用地磁场、电离层来产生洛伦兹力,对空间地磁场、电离层中等离子体特性的研究是设计电动力绳系和规划其空间任务的重要前提。地磁场模型的准确性将直接影响计算结果的准确性,故有必要对地磁场特性进行研究。

目前常用的模型有国际参考地磁场(international geomagnetic reference field, IGRF)及世界磁场模型(world magnetic model, WMM)。两种模型本质上用的是同一套系数:g_n^m 和 h_n^m,本书中采用的是 WMM。下面对模型理论进行简要描述。

地磁场 B 定义为标量势函数的负梯度,即

$$B = \nabla V \tag{2-1}$$

式中,V 为磁势函数,表达式为

$$V(r, \lambda, \varphi) = a \sum_{n=1}^{k} \sum_{m=0}^{n} \left(\frac{a}{r}\right)^{n+1} (g_n^m \cos m\varphi + h_n^m \sin m\varphi) P_n^m (\cos \lambda) \tag{2-2}$$

式中,a 是参考地球赤道半径;r、λ、φ 为地心坐标[r 为半径,λ 为协同纬度($\lambda = 90° - $纬度),$\varphi$ 为经度];P_n^m 表示 m 次 n 的 Schmidt 准正则化连带勒让德函数。

对 V 为磁势函数求偏导得到如下的磁场强度表达式:

$$B_r = -\frac{\partial V}{\partial r} = -\sum_{n=1}^{k} \left(\frac{a}{r}\right)^{n+2} (n+1) \sum_{m=0}^{n} (g_n^m \cos m\varphi + h_n^m \sin m\varphi) P_n^m (\cos \lambda)$$

$$\tag{2-3}$$

$$B_\lambda = -\frac{1}{r}\frac{\partial V}{\partial \lambda} = -\sum_{n=1}^{k} \left(\frac{a}{r}\right)^{n+2} \sum_{m=0}^{n} (g_n^m \cos m\varphi + h_n^m \sin m\varphi) \frac{\partial P_n^m (\cos \lambda)}{\partial \lambda}$$

$$\tag{2-4}$$

$$B_{\varphi} = \frac{1}{r\sin\theta} \frac{\partial V}{\partial \varphi} = -\frac{1}{\sin\lambda} \sum_{n=1}^{k} \left(\frac{a}{r}\right)^{n+2} \sum_{m=0}^{n} m(-g_n^m \sin m\varphi + h_n^m \cos m\varphi) P_n^m(\cos\lambda)$$

$$(2-5)$$

式中，B_r、B_λ、B_φ 表示在当地切线坐标系中各个方向的场强。当取 $m = 1$，$n = 1$ 时，该模型化为倾斜磁偶极子模型，是最简单的地磁场模型，一般电动力绳系的计算也是采用该模型进行模型预估，但是不够精确，本书采用 12 阶球谐系数，即 $m = 12$，$n = 12$，为 12 阶精确地磁场模型，比倾斜磁偶极子模型具有更高的精度，更加接近于实际地磁场模型，根据已有的仿真程序，调用 2010 年 1 月 1 日的地磁场数据，可计算得到地磁场强度分布情况是靠近两极的地磁强度强，而靠近赤道平面的地磁强度相对较弱，靠近极地的地方磁感线密度大。

如图 2－1 所示，将地磁强度在 NED 坐标系中进行分解，可以看出在赤道处，轨道高度越小的地方，地磁强度越大，但是在赤道平面上，绳系切割磁感线呈正交形式。

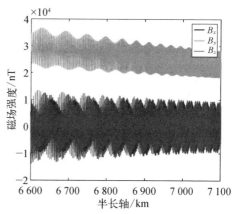

图 2－1　地磁强度随半长轴的变化

2.2　地球电离层环境

2.2.1　连续性方程

电离层是地球高层空间中大气分子和原子在宇宙射线、高能粒子与地磁场等的作用下，电离产生正负离子和自由电子，从而形成的等离子体区域。从宏观上看，电离层呈现电中性。研究表明，电离层的变化主要表现在电子密度分布随时间的变化。电离层的物理过程大致分为两类：一类称为"光化学过程"，该过程导致电离物的产生和消失；另一类称为"输运过程"，该过程则引起电离物的运动和迁移。电子连续性方程涉及如下几个术语。

（1）电子产生率 q：是指中性气体在宇宙射线的辐射下发生电离，单位体积内每秒所产生的电子数，单位是 $cm^{-3} \cdot s^{-1}$。中性气体在受 X 射线和紫外线辐射时产生等离子体。在高纬度地区沉降进入大气层的高能带电粒子同中性分子碰撞也可以产生等离子体，这个过程称为"微粒电离"。在 D 层中，附着过程形成负离子，而光致分离也是产生电子的途径。为了得到电子产生率随高度的分布 $q(h)$，Chapman 于 1931 年提出若干偏离实际情况的假设，求出了 $q(h)$ 的解析结果。

Chapman 所做的假设如下。

（a）太阳辐射是单色的，其光子通量为 $I(h)$。

（b）大气层由单种吸收气体组成，其粒子浓度为 $n(h)$。

（c）大气层是水平分层的。

（d）标高 H 与高度无关，即默认大气层为等温大气。

基于以上假设得到了 Chapman 生成函数为

$$q = q_m \exp [1 - Z - \sec \chi \mathrm{e}^{-Z}]$$

式中，q_m 表示太阳天顶角 $\chi = 0$ 对应的电子极大产生率；约化高度 $Z = (h - h_m)/H$；q_m 对应的高度为 h_m。

（2）电子损失率 $L(N)$：是指当不考虑电子的漂移运动时，单位体积内每秒消失的电子数，单位是 $\mathrm{cm}^{-3} \cdot \mathrm{s}^{-1}$。电离层中的电子附着在中性粒子上，以及离子与电子之间发生复合作用等，都会使电子和离子的数目减少，电子损失率遵守平方率损失公式，且与高度无关。当损失过程主要是离子-原子交换控制的时候，电子损失率遵守线性率损失公式，随高度呈指数减小。

（3）输运项：是指带电粒子的漂移、双极扩散和其他运动会使电子或离子密度发生变化。如果存在叠加在无规则热运动上的有规则整体运动速度，即净漂移速度，用 V 表示，这样，就存在一个动态平衡，用方程表示为

$$\partial N/\partial t = q - L(N) - \nabla \cdot (NV)$$

该方程通常称为电离平衡方程，或者连续性方程。当不考虑输运过程时，散度项为零，方程表示的过程为光化学平衡，即

$$\partial N/\partial t = q - L(N)$$

2.2.2　电离层基本特性和现象

尽管处于地磁场中的电离层会受到来自地球的重力和磁场影响，成为一种各向异性的不均匀介质，但实际上可以发现，由于地球引力的作用，大气基本上呈现出水平分层的结构，即电离层的某些特质只在垂直方向上变化，而在水平方向上无任何变化，因此常常可以把电离层作为分层媒质进行研究。电离层中不同区域的物理化学性质，受地磁场、紫外线辐射、X 射线、高能粒子等的影响不完全相同，最终导致在对应的几个高度上存在不同的电子生成率极大值。研究表明，在一定高度以下，电离层中的电子密度分布存在几个电子密度峰值区域，而不是随重力梯度变化分布的，因此随着高度的增加，电离层形成了若干个电子密度变化区域。所以，在大的几何尺度上，可以合理地假设电离层电子密度垂直剖面具有水平分层的特性。根据电子密度随高度的分布状态，可以得到电子密度峰值对应的高度，以此

为标准,把电离层划分为 D 层、E 层、F 层（包括 F1 和 F2）及上电离层（顶部以上区域）四个区域。在研究高频电波传播的时候,在通常情形下,一般只考虑电离层模型的 D 层、E 层及 F 层。这是因为上电离层基本不会影响高频电波的斜向传播和返回散射传播。图 2－2 是一个典型的电离层的昼夜电子密度剖面图。

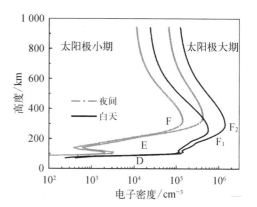

图 2－2　电离层典型的白天和夜间
电子密度剖面及分层

1. 电离层分层结构

（1）D 层：位于电离层的最底层,和臭氧层叠加在一起,距离地面 60~90 km,是多原子离子"团"的稀薄层,密度为 $10^8 \sim 10^{10}/\mathrm{m}^3$。D 层的主要电离源是太阳辐射。D 层一般出现在日出后,日落后随着太阳辐射的减弱而消失。D 层的电子密度一般在午后出现最大值。在季节变化中,电子密度夏季时最强,冬季时则常常存在非规律性变化,即冬季某些天会出现电子密度异常增高的情形。D 层的电子密度相对较小,并不足以反射高频无线电波,然而该层中存在的大量中性分子和电子的频繁碰撞会导致电波能量的转移,转变为随机热运动,所以 D 层会造成高频无线电波能量的严重衰减。由此可知,D 层对无线电波有明显的吸收作用,尤其是无线电波中的短波,在 D 层的吸收最为严重,太阳活动最高年的吸收甚至会比太阳活动最低年增加一倍之多。因此,D 层也经常称为无线电"吸收区"。由于其电子密度不大,当研究电波传播的问题时,该层对电波群路径的影响不在考虑范围内。

（2）E 层：距离地面 90~140 km,层中多数为中等密度的离子 NO^+、O_2^{2+},密度为 $10^9 \sim 10^{11}/\mathrm{m}^3$。其电离过程主要来源于光化学反应和发电机效应,该层最接近 Chapman 模式。E 层同样具有显著的日变化和季节变化。该层电子密度的最大值出现在中午,日落后基本消失。在季节变化中,夏季电子密度较大。这是因为电子密度与太阳天顶角和太阳黑子的活跃程度呈正相关的关系变化,当太阳活动最强时,同一个地点白天的最大电子密度有时可增加 10% 左右。由于受到大气潮汐作用会引起发电机效应,E 层又常常称为"发电机"层。

（3）F 层：离地面 140 km 以上,是氧离子 O^+ 的稠密层,其氧离子浓度为 $10^{11} \sim 10^{12}/\mathrm{m}^3$,是电子密度最大的区域。F 层电子密度具有明显的纬度变化。在 F 层经常存在突发的电离不均匀体,并形成了扩展 F 层（spread F）。冬天电子密度异常增大,有时甚至会高出夏季的电子密度的 20% 以上。由于 F 层的电子密度最大,因此它反射高频电波的能力最强,反射电波的频段范围最宽,是超视距短波传播最有效的作用区域。F 层可再分为 F1 层和 F2 层。

  F1 层是一个具有规则变化的层,特征和 Chapman 理论表达得非常接近,能够精确显示 Chapman 层的特征。F1 层并不总存在,在夏季和太阳黑子活动低年出现更多,而在冬季和太阳黑子活动峰年极少出现。

  F2 层是变化最多、最反常和最难以预测的区域,因为该层电子密度最大,它对无线电传播的影响也最大,该层中地磁场、双极扩散、大气各风系和其他动力学因素具有重要的作用,因此 Chapman 的简单理论不能全面地描述 F2 层的形态变化,此时必须同时考虑等离子体的输运效应。

  (4) 上电离层:F2 层电子密度高峰往上延至数千千米的区域称为上电离层区域,该高度以下称为下电离层区域。在上电离层中,电子密度从 F2 层峰值处开始往上逐渐缓慢递减,到达 1 000 km 的高度时,电子密度约为 $10^{10}/m^3$,2 000 ~ 3 000 km 高度时电子密度降低到 $10^8 \sim 10^9/m^3$,该区域的电子密度随昼夜和季节变化最为显著。上电离层对高频电波传播基本没有影响,因此研究的区域一般处于下电离层区域。

  综上所述,电离层各层所对应的区域高度及相应的电子密度如表 2-1 所示。

表 2-1 电离层大致的区域高度和典型电子密度

分层	高度范围/km	最大电离高度/km	电子密度/m^{-3}	备　　注
D	60~90	75~80	$10^8 \sim 10^{10}$	夜晚消失,只存在于白天
E	90~140	100~120	$10^9 \sim 10^{11}$	E 层在夜间变得很弱或消失
F1	140~210	140~210	3×10^{11}	F1 层多在夏季白天和太阳黑子活动低年出现
F2	>220	250~450	$10^{12} \sim 2 \times 10^{12}$	F2 层状态复杂多变,夜间电子密度比白天小

2. 电离层各层电子密度分布特征

  由于电离层与太阳、磁层、热层、中层和行星际介质的耦合作用,电离层的电子密度分布状态会随着经纬度、高度、季节、地磁活动和太阳活动的变化发生显著的变化。太阳紫外线辐射是电离层的主要来源,对于电离层的形成和变化起着决定作用。尽管电磁场和高能粒子沉降不是电离层电子分布的主要影响因素,但它们对电离层的影响有时也是比较显著的。从中层向上传播的潮汐和大气重力波通过碰撞作用也可以引起电子密度的改变。电离层中电子密度的分布状态同时受以上多种不同驱动机制的作用,在不同的高度范围内各机制的影响重要性会有所变化。

  低纬度地区受太阳活动、电磁场、中性大气动力学的综合作用。赤道异常是该地区电离层最显著的特性之一。中纬度地区拥有绝大多数的电离层探测设备,并且与其他电离层区域相比,该地区电离层的变化规律相对简单,因而最容易实现对其上空电离层活动的监测和研究。研究表明,对于中纬度地区,除了受太阳、地磁活动、季节影响,中性风的存在能够引起离子漂移,F 层峰值高度与电子密度甚至整个电子密度分布的剖面都会产生改变。在高纬度地区和极区,电离层探测设备非常稀少,电场和磁层高能粒子沉降是电离层的主要能量来源。虽然该地区的电子密度的峰值远小于低纬度地区,但是由于等离子体的不稳定性非常严重,高纬地区的电子密度分布会表现出剧烈的短期变化。地极与磁极的分离会引起世界时效应,这在高纬地区最为显著。

一般来说,在中低纬地区,电离层趋于与地球共转,受磁层电场的影响不明显。大量事实表明,在磁暴和磁亚暴期间,磁层对流电场会穿入低纬区,显著影响那里的空间天气。研究结果还表明,在低纬和赤道地区,由于沿磁力线南北半球的耦合效应,电离层电场具有明显的半年变化情况,而这样的电场会通过赤道喷泉效应强烈地影响低纬和赤道地区电离层电子密度分布与变化,对该地区的电离层半年变化和异常现象起重要的控制作用。

太阳活动强烈地影响着电离层,尤其当太阳活动处于活跃时期时,会对电离层电子密度分布产生巨大的影响。太阳黑子数是描述太阳活动的最有效的太阳物理参数,太阳黑子数具有明显的周期变化,其平均周期为 11 年。相应地,电离层电子密度随时间的周期变化也同样显著,变化周期约为 11 年,与太阳活动周期相符合。统计结果表明,电离层电子密度分布的高度剖面与太阳活动的周期变化呈正相关性。年度和季节变化也是电离层电子密度变化的主要特征。一般情况下,夜间电子密度小于白天,但是在某些地区有时会出现日落后电子密度没有下降反而上升的特殊现象。太阳活动大年,电子密度明显上升。

3. 电离层异常与扰乱现象

大量试验和研究表明,现实中的电离层并不是平滑、规则的,而是由云状、块状,甚至是不规则状的电离团或者电离云组成的。它的基本特性主要有准电中性、各向异性、耗散性、色散性、有源性和非线性及非均匀时变特性。电离层的物理特性是多变的,除了具有上面所述的随纬度、高度、昼夜、季节的正常变化规律,还存在各种各样的异常和扰乱现象。

（1）赤道异常。在地球赤道左右约 20°（南北纬 20°）之间,F2 层存在一个电离度最高的沟,这个现象称为赤道异常。它是由电场和地磁场对电离层的作用和沿磁场方向的扩散作用形成的。因为在赤道附近,地磁场几乎呈现水平状态,太阳光的加热和潮汐作用使得电离层下层的等离子向上移动,之后沿着地磁场线穿越,在 E 层形成电流,并与接近水平的磁场线相互作用,造成地球磁赤道附近南北纬 20°之间 F 层的电离度显著加强。此时,F2 层的电子密度峰值点受地磁场的控制而呈现"双驻峰"现象,因此电子密度最大值并不在磁赤道上空,而是位于地磁北纬和南纬 20°附近。赤道异常有着明显的日变化,一般在地方时 9 ~ 11 点开始产生,下午达到最大值,然后慢慢衰弱,在凌晨趋于消失。通常地磁北纬电子密度极大值比南纬电子密度极大值要大,且北纬电子密度分布变化剧烈,而南纬电子密度分布比较均匀。在磁暴期间,赤道区域的电子密度相对于磁静日能够达到±50%的扰动变化,赤道异常是低纬电离层唯一的、持续的密度特征。

(2)冬季异常。夏季太阳光直射中纬区会造成白天F2层的电离度显著增加,同时中纬度地区季节性气流的影响导致F2层中单原子的比例增高,会出现离子的捕获率增高的现象,并且捕获率大于电离度,两者之差造成了夏季白天的F2层电子密度峰值反而比冬季低,这个现象称为冬季异常。在通常状况下,北半球冬季异常每年都会出现,而太阳活动低年里南半球不会发生冬季异常现象。此外,冬季异常仅发生在日出和日落之时,电子密度峰值也有一定的规律:冬季F2层电子密度峰值的变化比夏季剧烈,且冬季白天F2层电子密度峰值明显高于夏季白天,而冬季日落后F2层电子密度峰值迅速降低至显著小于夏季电子峰值密度。研究表明,上述异常现象可能是由于电离层的电离度在冬季起主导作用,其他因素的影响相对较微弱。总体来说,夏季与冬季的F2层峰值高度随时间变化的趋势基本是一致的,不同的是冬季白天峰值高度低于夏季白天峰值高度,冬季白天的峰值高度小于夜晚的峰值高度。

(3)电离层突然骚扰(SID)。宁静太阳实际上不辐射X射线,而在太阳强活跃时期产生的强烈耀斑发射的X射线强度可以达到宁静太阳时期的1 000倍。在太阳耀斑爆发期间,太阳辐射发出的软X射线($1\sim8$ Å*)和紫外线在以光速到达地球的过程中,被地球上空$60\sim90$ km的大气吸收并导致D层在短时间内产生大量的自由电子。这些自由电子能够对高频段($3\sim30$ MHz)的无线电波产生明显的吸收作用,从而造成无线电信号的中断,与此同时,D层还会对其低频($3\sim30$ kHz)的无线电波产生反射作用。在X射线通过之后,D层的电子被重新捕获,电子密度迅速降低,无线电中断结束,信号重新恢复。

(4)质子暴和极盖吸收(PCA)。这也是由太阳耀斑爆发而产生的效应。太阳耀斑爆发时期会释放出大量能量位于$5\sim20$ MeV的质子。这些高能质子主要影响的区域为电离层中的D层,它们沿磁力线沉降到极盖区的上层大气中,使得电子密度大幅增加,在D区产生附加电离效应,大量吸收穿过此区域的无线电波的能量,严重时能使无线电通信中断好几天。

(5)电离层暴。太阳耀斑爆发时会向行星际空间喷射大量的等离子体云,它们到达地球附近后与地磁场发生作用,引发强烈的地磁风暴。伴随着磁暴,在全球范围内的电离层的各层结构均显示出一些显著的变化,这些变化统称为电离层暴(ionosphere storm)。当发生极区亚暴时,大量电子可以进入电离层中,在贯穿至

---

* 1 Å=0.1 nm

80~100 km 的高度时产生足够多的自由电子,从而在 E 层区域形成极光 Es 层。穿透到较低高度的电子增多后,就会吸收无线电波,这种吸收作用的强度足够高的时候,通信或者电离层探测的电波会中断,此现象即为极光无线电中断。较低纬度区域的 D 层、F 层在发生电离层暴时均有强烈的变化,但是对比而言,F2 层受到的影响最大。它使 F2 层厚度增加,电子密度呈现无规则变化,有时下降,有时增加,峰值高度上升。当电子密度下降时,将会出现原本能被 F2 层反射的高频电波穿过 F2 层而不被反射的现象,从而造成短波信号的消失和中断。

2.3　太阳风环境

太阳风是一种超声速等离子体带电粒子流,由质子和电子组成。虽然其成分与由分子组成的空气不同,但它们流动时所产生的效应与空气的流动十分相似。

2.3.1　太阳与太阳系

太阳风是太阳向空间喷发的带电粒子流,研究太阳风的起源,应当从研究太阳的结构入手,探索太阳的内在机制,建立太阳风粒子系统,寻求物理理论基础,是建立仿真的基础和前提。太阳与太阳系的物理参数,是建立仿真模型的重要参考依据标准。

太阳是太阳系的中心天体,太阳系 99.87% 的质量都集中在太阳,它是距离地球最近的恒星。太阳内核发生着氢-氦核聚变反应,温度高达 1 500 万摄氏度。核聚变反应转换成能量,以光子的形式释放出来,每秒钟要消耗掉约 500 万吨的物质。释放出来的光子从太阳中心到达太阳表面,经过辐射带和对流带需要一百多万年。光子经过辐射带时,沿途与原子微粒碰撞,其能量经过对流带时被炽热的气体吸收,到达对流带边缘后,将被冷却到 5 500℃ 左右。平时人们肉眼能够观测到的是位于太阳表面的光球层。光球层温度约为 6 000℃,属于温度较低和比较活跃的部分。光球层上有一个个起伏的、直径 1 600 km 左右的对流单元。太阳就是在不断的对流活动中,每秒钟向宇宙空间释放着相当于 1 000 亿个百万吨级核弹的能量。太阳具有范围越过冥王星轨道、极其强大复杂的太阳磁场。

光球层的某些局部地方,温度比较低,从而显得比其他地方黑暗,称为"太阳黑子"。包裹光球层的是色球层,太阳将能量通过色球层向外传递。色球层中能够产生太阳耀斑,黑子形成前产生的灼热氢云称为太阳耀斑。在发生日全食时,可以观测到色球层之外,太阳大气最外层庞大的、向太空绵延数百万千米的日冕,在日冕中可以看到从色球层顶端产生的巨大火焰——日饵。在辐射光和热的同时,太阳也产生一种低密度的粒子流——太阳风,并以每秒约 450 km 的速度向宇宙空间辐射。太阳风在抵达地球和其他某些行星时可以形成极光。如果在一段时间内太阳风异常强大,便形成了太阳风暴。

太阳已经生存了约 46 亿年,还可以继续平静地燃烧约 50 亿年。之后太阳内部的氦将转变成相对分子质量更大的元素,同时亮度会增加到现在的一倍,体积将不断膨胀,水星、金星和地球等都将进入它的大气。在经历一亿年的红巨星阶段后,太阳将耗尽所有能源,坍缩成一颗白矮星,并通过向宇宙空间抛射物质而形成一个行星状星云。

在对太阳长期观测的基础上,科学界逐渐对太阳有了一个量化的数字估算,其观测数据如表 2-2 所示。

表 2-2 太阳观测数据

观 测 项 目	数 据
日地平均距离	$1.495\ 978\ 70 \times 10^{11}$ m(1 天文太阳单位)
日地最远距离	$1.521\ 0 \times 10^{11}$ m
日地最近距离	$1.471\ 0 \times 10^{11}$ m
视星等	-26.74 等
绝对星等	4.83 等
热星等	-26.82 等
绝对热星等	4.75 等

表 2-2 中的视星等(apparent magnitude)是指人们用肉眼所看到的星等。无论是肉眼能看到的星星或者是用天文望远镜观测到的天体,其亮度都不尽相同,视星等只是表示宇宙中肉眼可见星星的亮度,因此不突出的、不明亮的恒星并不一定代表它们的发光度低。绝对星等(absolute magnitude)是假定把恒星放在距地球 10 秒差距(32.6 光年)的地方测得的恒星的亮度,用以区别视星等。它反映天体的真实发光本领。如果绝对星等用 M 表示,视星等用 m 表示,恒星的距离化成秒差距数,用 r 表示,那么 $M = m + 5 - 5\lg r$。热星等(bolometric magnitude)表征天体在整个辐射波段内辐射总量的星等,符号为 mb。它无法通过观测直接测定,要利用多色测光测定的星等,并结合理论计算求出。量测恒星的绝对星等时,如果能同时侦测到所有的波长,所量测到的就是绝对热星等(absolute bolometric magnitude)。

目前观测的太阳物理数据如表 2-3 所示。

表 2-3 太阳物理数据

物 理 量	数 值
直径	1.392×10^6 km
赤道半径	6.95×10^5 km

续　表

物　理　量	数　值
表面面积	$6.09×10^{12} \ km^2$
体积	$1.412×10^{18} \ km^3$
质量	$1.989×10^{30} \ kg$
平均密度	$1.411×10^3 \ kg/km^3$
相对于地球密度	0.26
相对于水的密度	1.409
表面重力加速度	$2.74×10^2 \ m/s^2$
表面温度	$5.78×10^3 \ K$
中心温度	约 $1.5×10^7 \ K$
日冕层温度	$5×200 \ K$
发光度	$3.827×10^{26} \ J/s$
太阳运动速度	（方向 $α = 18 \ h \ 7 \ min, d = +30°$）19.7 km/s
太阳表面脱离速度	618 km/s
活动周期	11.04 年
自转周期	25~36 d
逃逸速度	618.02 km/s
平均表面温度	6 000℃
地球附近太阳风的速度	450 km/s
年龄	$4.57×10^9$ 年
主要化学成分	氢 92.1%,氦 7.8%,其他 0.1%

　　太阳从中心向外可分为核反应区、辐射区、对流区和太阳大气。和地球的大气层一样,太阳的大气层可按不同的高度和不同的性质分成各个圈层,即从内向外分为光球、色球和日冕三层。平常观测到的太阳表面是太阳大气的光球层,温度约是6 000 K。太阳并不是透明的,因此不能直接看见太阳内部的结构。但是根据物理理论和对太阳表面各种现象的研究,已经建立了太阳内部结构和物理状态的模型。这一模型也已经在对其他恒星的研究中证实,至少在大的方面是可信的,如图 2 - 3所示。美国国家航空航天局在 2006 年发射的两颗太阳探测卫星 STEREO - A 和STEREO - B 运动到了太阳两侧相反的位置上,并从前后两面拍摄下了完整的太阳立体图,STEREO - A 和 STEREO - B 第一次确认了太阳是一个球形。

　　太阳系是 46 亿年前随着太阳的形成而形成的。太阳星云由于自身引力的作用而逐渐凝聚,渐渐形成了一个由多个天体按一定规律排列组成的天体系统——

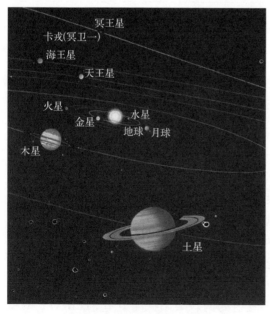

图 2-3　太阳分层图

（原图见 http://sohowww. nascom. nasa. gov/explore/）

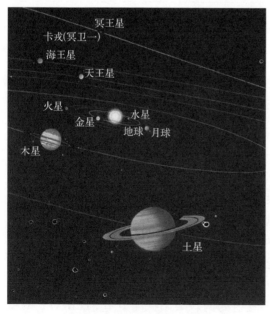

图 2-4　太阳系及其行星

（原图见 http://explanet. info/Chapter01. htm）

太阳系。太阳系的成员包括一颗恒星、八颗行星、多颗矮行星、至少六十三颗卫星、约一百万颗小行星、无数的彗星和星际物质,如图 2-4 所示。根据恒星演化理论,太阳与其他大多数恒星一样,是从一团星际气体云中诞成的,这团气体云存在于四十六亿年前,称为太阳星云。太阳星云位于银河系的盘状结构中,离中心约 25 亿亿千米,其体积约为现在太阳的 500 万倍,主要成分是氢分子。经历四十多万年的收缩凝聚,星云中心诞生了一颗恒星,也就是太阳。太阳形成以后不久,残存在太阳周围的一些气体和尘埃,形成了围绕太阳旋转的行星和诸多小行星及彗星等其他太阳系天体,这里包括地球和月亮。

目前所知的太阳系八大行星,从里向外分别包括水星（Mercury）、金星

（Venus）、地球（Earth）和火星（Mars）这一类有着坚硬石质外壳的"类地行星"。火星轨道外侧是小行星带，因此类地行星又叫作"带内行星"。类地行星的卫星非常少，例如，水星和金星就没有卫星。另一类是"类木行星"（或称作"巨行星""带外行星"），其中包括木星（Jupiter）、土星（Saturn）、天王星（Uranus）和海王星（Neptune）。类木行星的体积都非常大，而且没有固态的外壳，主要是由气体组成的。类木行星的另一特点是它们都有环，其中土星的环最为显著。此外还存在着一类"矮行星"。由于冥王星的轨道与海王星的轨道相交，不符合新行星定义，因此降级为"矮行星"。该类行星体积较小，基本上位于海王星的轨道之外，且不能依靠自身质量和引力清除其轨道上的其他天体。在火星和木星的轨道间横亘着小行星带，带内分布着数不清的小行星。小行星和行星都诞生自太阳星云，但它们的体积过于微小。太阳系内的星际空间并不是真空的，而是充满了各种粒子、射线、气体和尘埃。

在太阳系的周围还包裹着一个庞大的"奥特星云"，星云内分布着不计其数的冰块、雪团和碎石，它们会受太阳引力的影响，从而飞入内太阳系，这就是彗星。这些冰块、雪团和碎石进入太阳系内部，其表面因受太阳风的吹拂而开始挥发。所以彗星都拖着一条长长的尾巴，而且越靠近太阳，尾巴越长、越明显。

太阳系据目前所知的八大行星的观测参数如表 2-4 所示。

表 2-4　行星的观测参数

	距离/AU	与地球半径之比值	与地球质量之比值	与地球自转周期之比值	卫星数	黄道面倾角	轨道偏心率	自转轴倾角/(°)	密度/(g/cm³)
太　阳	0	109	322 800	25~36	>8	1.410	—	—	
水　星	0.39	0.38	0.05	58.8	0	7	0.205 6	0.1	5.43
金　星	0.72	0.95	0.89	244	0	3.394	0.006 8	177.4	5.25
地　球	1.0	1.00	1.00	1.00	1	0.000	0.016 7	23.45	5.52
火　星	1.5	0.53	0.11	1.029	2	1.850	0.093 4	25.19	3.95
木　星	5.2	11	318	0.411	16	1.308	0.048 3	3.12	1.33
土　星	9.5	9	95	0.428	18	2.488	0.056 0	26.73	0.69
天王星	19.2	4	17	0.748	15	0.774	0.046 1	97.86	1.29
海王星	30.1	4	17	0.802	8	1.774	0.009 7	29.56	1.64

2.3.2　太阳风

太阳风是从太阳大气最外层的冕洞中，向空间持续抛射出来的由氢粒子和氦粒子组成的粒子流。太阳风的组成和太阳的日冕组成完全相同，即 73%（质量分数）的是氢，25% 的是氦，还有少量杂质。在地球附近，太阳风速为 200~889 km/s，平均值为 450 km/s。太阳风有两种：一种是持续不断地辐射出来的"持续太阳风"，速度较小，粒子含量也较少；另一种是在太阳活动时辐射出来的"扰动太阳风",速度较大,粒子含量也较多。扰动太阳风抵达地球时,会引起很大的磁暴与强烈的极光,同时产生电离层扰动,对地球的影响相对较大。

通过人造卫星和宇宙空间探测器拍摄的 X 射线或远紫外线照片,可以发现,在日冕中长期存在着大尺度的、长条形的或者不规则形的暗黑区域,称为冕洞,是太阳磁场的开放区域,该区域的 X 射线强度比其他区域要低很多,磁力线向宇宙空间扩散。冕洞的一些等离子体受到加速,形成高速运动的粒子流,夹带着被裹挟在其中的太阳磁场,顺着磁力线逃逸出去,向四周迅速吹散,称为太阳风。太阳风的速度在冕洞底部为 16 km/s 左右,抵达地球轨道附近时可达 300~400 km/s。

空间飞船的直接观测结果表明,太阳风主要由质子和电子组成,含有少量氦核及微量重离子成分。太阳风的密度与地球自然风的密度相比,是非常稀薄的。一般情况下,在地球附近的太阳风中每立方厘米有几个到几十个粒子,而地球上自然风的密度则为 2 687 亿亿个分子/cm^3。虽然太阳风十分稀薄,但其猛烈程度远远胜过地球上的自然风。地球上 12 级台风的风速是 32.5 m/s 以上,而太阳风的风速在地球附近经常保持在 350~450 km/s,最猛烈时可达 800 km/s 以上,是地球风速的上万倍。

太阳风发现于 1850 年,一位名叫卡林顿的英国天文学家在观察太阳黑子时发现,在太阳表面上出现了一道小小的闪光,持续了约 5 min,卡林顿认为是一颗大陨石落在太阳上。20 世纪 20 年代,通过更精密的研究太阳的仪器,人们发现这种"太阳光"是极其普通的事情,它的出现往往与太阳黑子有关。1899 年,美国天文学家霍尔发明了一种"太阳摄谱仪",它能够用来观察太阳发出的某一种波长的光。对太阳大气中发光的氢、钙等元素的光谱照片进行研究,结果表明,太阳的闪光和陨石毫不相干,那不过是炽热的氢的短暂爆炸而已。在太阳黑子密集的部位,一天能观察到一百多次小型闪光,特别是当黑子在"生长"的过程中更加易于爆发,而像卡林顿所看到的那种巨大的闪光,是很罕见的,一年只发生几次。有时的闪光正好发生在太阳表面的中心,爆发的太阳风和极光方向正冲着地球,在这样的爆发过后,地球上会一连几天出现甚至在温带地区都能看到的强烈极光,罗盘的指针也会发狂似地摆动,这种效应称为"磁暴"。在 20 世纪之前磁暴对人类并没有产生什么影响。直到 20 世纪,人们发现磁暴会严重影响无线电接收和各种电子设备。

由于太阳的转动,太阳风将太阳磁场拉扯成螺线形状,通常太阳风的能量爆发来自太阳耀斑或其他称为"太阳风暴"的气候现象。这些太阳活动可以被太空探测器和卫星测到。太阳风暴是由太阳因能量增加而向空间释放的大量带电粒子形成的高速粒子流。由于太阳风暴中的气团主要是带电等离子体,并以 150~300 万 km/h 的速度闯入太空,因此会对地球的空间环境产生巨大的冲击。太阳风暴爆发时,将影响通信、威胁卫星、破坏臭氧层等。太阳风暴随太阳黑子活动周期每

11.2 年发生一次。从 2011 年起,进入太阳黑子的高峰年,太阳黑子进入活跃期,并将持续到 2012 年夏季。20 世纪 70 年代的一次太阳风暴导致大气活动加剧,增加了苏联的"礼炮"号空间站的飞行阻力,使其脱离了原来的轨道。1989 年,太阳风暴使加拿大魁北克省和美国新泽西州的供电系统受到破坏,造成的损失超过 10 亿美元。

当太阳出现突发性的剧烈活动时,情况会有所变化。此时太阳风中的高能粒子会增多,这些高能粒子能够沿着磁力线侵入地球。被地磁场俘获的太阳风粒子储存在范艾伦辐射带中,这些粒子在磁极附近与地球大气层发生作用,引起极光现象。极光是由来自太阳活动区的带电高能粒子流激发或电离高层大气分子或原子而产生的。太阳风是太阳喷射出的带电粒子,是一束可以覆盖地球的强大的带电亚原子颗粒流,抵达地球时以 400 km/s 的速度与地磁场相互作用,环绕地球上空流动。在太阳风的作用下,地磁场发生改变,形状如漏斗,地球南北两个磁极是漏斗的两个尖端,太阳发出的带电粒子沿着"漏斗"进入地球两极。两极高层大气受到轰击后,形成绚丽的极光。

太阳大气的扰动通过太阳风传到地球,与地磁场的相互作用,有时会引起一系列影响人类活动的事件。地磁场的磁压将会阻滞等离子体流运动,绕过地磁场向前运动,形成一个空腔,使太阳风不能侵入地球大气,地磁场将被包含在空腔里,形成一个蛋状物,如图 2-5 所示。地磁场把太阳风阻挡在地球之外,然而仍然会有

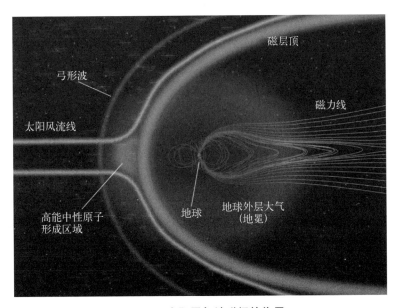

图 2-5　太阳风与地磁场的作用

(原图见 http://www.nasa.gov/mission_pages/ibex/em-crash.html)

少数太阳风粒子闯进来,尽管很少,但还是会给地球带来一系列破坏,例如,干扰地球的磁场,使地磁场的强度发生明显的变动;影响地球的高层大气,破坏地球电离层的结构,使其丧失反射无线电波的能力,造成无线电通信中断,通信卫星失灵,高纬区电网失效,短波通信及长波导航质量下降等;影响大气臭氧层的化学变化,并逐层往下传递,直到地球表面,使地球的气候发生反常的变化,甚至还会进一步影响到地壳,引起火山爆发和地震。

Ulysses 太阳探测器对日跨极飞行期间发现,南北纬 20°之间的区域为低速太阳风,速度为 30~450 km/s,其余为中速或高速太阳风,而在纬度大于 40°的区域为高速太阳风,速度为 700~870 km/s,且低速与高速太阳风之间的过渡面相对陡直。

第3章
电帆和电动力绳系组成与工作原理

3.1 电帆的系统组成与工作原理

3.1.1 电帆的系统组成

电帆的系统组成如图3-1所示,通常由导线、展开机构、电子枪、电源模块、控制单元等部分组成。

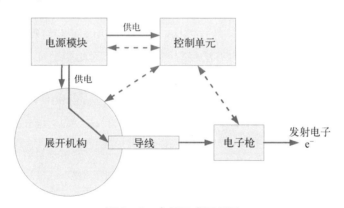

图3-1 电帆组成原理图

1. 导线

导线是电帆推进系统的执行部件,太阳风等离子体作用在通电导线上,通过电场作用产生推力。地球轨道试验电帆通常配置1~4条电帆导线,以深空探测为目标的电帆通常配置几十到几百条导线。导线的材质可以选择铝等金属,也可以选择碳纤维以提高抗拉强度。导线的设计上可采用多线结构,以保证微流星体的撞击下,即使一小段导线断开,也不会导致整条导线断裂。图3-2所示为芬兰赫尔辛基大学研制

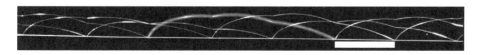

图3-2 复合结构导线

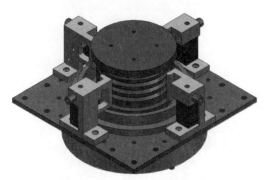

图 3-3　展开机构三维示意图

的四条线组成复合结构导线。

2. 展开机构

展开机构是导线收纳、展开、电源分配的管理装置。展开机构由电机、线轴、锁紧装置等组成。图 3-3 所示为可展开 4 条导线的展开机构,基板下方为电机,基板上方为圆柱环组件、线轴、锁紧装置等。4 条导线缠绕在线轴的 4 条独立的 V 型绕线槽内,导线末端的质量块锁定在锁定装置上。待电帆入轨后,电帆整体自旋,锁定机构解锁,电机旋转,导线在离心力的作用下展开。

3. 电子枪

电帆带正电压的导线吸附空间中的电子导致电帆带负电,进而破坏航天器的电荷平衡,并可能威胁电子产品的安全。电子枪向空间发射电子,补偿电帆降低的电势,从而维持电帆的电荷平衡。

根据电子枪电子发射机制不同,其阴极主要分为热电子发射和场致电子发射两种。热电子发射就是利用加热的方法使材料内部电子的动能增加,以致一部分电子的动能大到足以克服表面势垒面逸出体外,形成电子发射。场致电子发射通过给阴极材料外加加速电场,加速电场则可以降低阴极表面势垒,当表面势垒的顶点下降到费米能级以下,阴极材料中的电子则会大量逸出。加速电场不仅可以降低表面势垒,还可以使势垒变薄,势垒变薄后,穿透势垒逸出的电子会显著增多,在势垒顶点还没有降到费米能级之前,已有大量电子穿透势垒发射,其电流密度比热发射电流密度大许多数量级。

4. 电源模块

电帆需要具有独立控制每根导线电势的能力,根据姿控或轨控要求实时调节每根导线的电势。另外,电帆导线带正电势,会吸收空间中的电子,导致航天器整体电势下降。基于以上考虑,需要一个电源模块管理导线的电势,同时为控制单元和展开机构供电。图 3-4 为一个可管理 4 条导线电

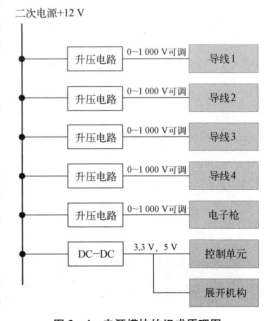

图 3-4　电源模块的组成原理图

压的电源模块的组成原理图。

5. 控制单元

控制单元是整个电帆推进系统的控制中心,控制单元需要实现的功能如下:

(1) 控制展开机构的锁定及解锁;

(2) 控制展开机构的电机运转,实现电帆导线的展开或收拢;

(3) 控制电子枪的电子发射,调节发射功率;

(4) 控制电源模块的电压输出;

(5) 向航天器提供遥控遥测接口。

3.1.2　电帆在地球电离层的工作原理

推力是基于电离层中的离子撞击导线鞘层电场而引起的动量变化产生的,即动量定理:

$$Ft = \Delta mv \tag{3-1}$$

式中, F 是推力; t 是离子动量变化需要的时间; Δmv 是所有离子的动量改变量,且有

$$\Delta mv = \sum_{N_{sum}} m_{ion} \cdot \Delta v = m_{ion} \sum_{N_{sum}} \Delta v = m_{ion} \sum_{N_{sum}} (v_0 - v) = m_{ion} \sum_{N_{sum}} v_0 - m_{ion} \sum_{N_{sum}} v \tag{3-2}$$

式中, N_{sum} 是离子个数; m_{ion} 是离子质量。如果每个离子的速度变化量相同,则式(3-2)可写为

$$\Delta mv = N_{sum} \cdot m_{ion} \cdot \Delta v \tag{3-3}$$

即

$$Ft = N_{sum} \cdot m_{ion} \cdot \Delta v \tag{3-4}$$

进一步计算 N_{sum}:

$$N_{sum} = n_0 V = n_0 S \cdot z = n_0 S \cdot v_0 \cdot t \tag{3-5}$$

式中, n_0 是电离层离子数密度; V 为体积; S 为迎风面积(阻滞电离层离子的有效面积); z 为风速方向长度变量; v_0 为电离层等离子体定向风速(常为卫星飞行速度)。

将式(3-5)代入式(3-4)得

$$F = n_0 m_{ion} v_0 \cdot (S\Delta v) \tag{3-6}$$

对于电离层等离子体,主要成分是氧离子、氮离子和电子,其中离子的动量变化产生推力,故 m_{ion} 为氧离子和氮离子质量,初步计算可按质量分数(氧 21%,氮

79%)加权平均,m_{ion} = 2.393 × 10^{-26} kg,电离层等离子体密度和风速都是不确定的,但其密度是具有一定范围的,速度通常取卫星飞行速度,即 n_0 和 v_0 的范围可以确定,计算中 n_0 取 $3.0×10^{10} \sim 3.0×10^{12}$ m^{-3},v_0 = 7 000 m/s。

余下两个影响电帆推力的因素是 S 和 Δv。Δv 为离子经电帆鞘层电场阻滞后的速度变化量(主要考虑推力方向的速度变化量),速度变化量与粒子在电场中的位置有关,离子受鞘层电势作用后发生偏转,存在一个偏转角 χ。对于单个离子,$\Delta v = (1 - \cos\chi)v_0$;对于宏观多个粒子的效应,$\Delta v = k_1 v_0 (0 < k_1 < 2)$。$S$ 是唯一的可直观调控推力的参数,主要由导线长度、结构和电势决定。

由于 n_0、v_0、m_{ion} 已知,Δv 也明确了其取值范围,可将式(3-6)进一步写成

$$\frac{F}{S} = n_0 \, m_{ion} \, v_0 \cdot \Delta v = k_1 \cdot n_0 \, m_{ion} \, v_0^2 \tag{3-7}$$

其中,$n_0 \, m_{ion} \, v_0^2$ 为定向等离子体流的动压强。

式(3-7)确定了电帆推力器推力值的基本范围,结合等离子体鞘层基本理论确定的导线鞘层电场结构,便可以对电帆推力器推力值进行初步预估。

3.1.3　电帆在深空太阳风中的工作原理

推力是基于太阳风离子撞击导线鞘层电场而引起的动量变化产生的,即动量定理:

$$Ft = \Delta mv \tag{3-8}$$

式中,F 是推力;t 是离子动量变化需要的时间;Δmv 是所有离子的动量改变量,且有

$$\Delta mv = \sum_{N_{sum}} m_{ion} \cdot \Delta v = m_{ion} \sum_{N_{sum}} \Delta v = m_{ion} \sum_{N_{sum}} (v_0 - v) = m_{ion} \sum_{N_{sum}} v_0 - m_{ion} \sum_{N_{sum}} v \tag{3-9}$$

式中,N_{sum} 是离子个数;m_{ion} 是离子质量。如果每个离子的速度变化量相同,式(3-9)可写为

$$\Delta mv = N_{sum} \cdot m_{ion} \cdot \Delta v \tag{3-10}$$

即

$$Ft = N_{sum} \cdot m_{ion} \cdot \Delta v \tag{3-11}$$

进一步计算 N_{sum}:

$$N_{sum} = n_0 V = n_0 S \cdot z = n_0 S \cdot v_0 \cdot t \tag{3-12}$$

式中，n_0 是太阳风离子数密度；V 为体积；S 为迎风面积（阻滞太阳风离子的有效面积）；z 为风速方向长度变量，v_0 为太阳风速。

将式（3-12）代入式（3-11）得

$$F = n_0 \, m_{\text{ion}} \, v_0 \cdot (S \Delta v) \tag{3-13}$$

对于太阳风，主要成分是质子（氢离子）和电子，其中质子的动量变化产生推力，故 m_{ion} 为质子质量，为确定值，$m_{\text{ion}} = 1.66 \times 10^{-27} \text{kg}$，距离地球一定距离的太阳风离子密度和太阳风速均为确定值，即 n_0 和 v_0 确定，通常取 1 个 AU 距离的太阳风参数，$n_0 = 7.3 \times 10^6 \text{m}^{-3}$，$v_0 = 400\,000 \text{m/s}$。

余下两个影响电帆推力的因素是 S 和 Δv。Δv 为离子经电帆鞘层电场阻滞后的速度变化量（主要考虑推力方向的速度变化量），速度变化量与粒子在电场中的位置有关，离子受鞘层电势作用后发生偏转，存在一个偏转角 χ。对于单个离子，$\Delta v = (1 - \cos\chi) v_0$；对于宏观多个粒子的效应，$\Delta v = k_1 v_0 (0 < k_1 < 2)$。$S$ 是唯一的可直观调控推力的参数，主要由导线长度、结构和电势决定。

由于 n_0、v_0、m_{ion} 已知，Δv 也明确了其取值范围，可将式（3-13）进一步写成

$$\frac{F}{S} = n_0 \, m_{\text{ion}} \, v_0 \cdot \Delta v = k_1 \cdot n_0 \, m_{\text{ion}} \, v_0^2 \tag{3-14}$$

式（3-14）确定了电帆推力器推力值的基本范围，结合等离子体鞘层基本理论确定的导线鞘层电场结构，便可以对电帆推力器推力值进行初步预估。

3.2　电动力绳系的系统组成与工作原理

3.2.1　电动力绳系的系统组成

EDT 的结构简单，如图 3-5 所示，主要包括导电绳系、释放控制装置、空间电荷收集装置、电流发射装置等。

1. 导电绳

导电绳是电动力绳系的核心部件，其在地磁场及等离子层的作用下相当于电源供电的传输媒介。绳系通常由两大部分组成：惰性部分和导电部分。在 Terminator 产品绳系中，为了防止放电现象的发生，靠近废弃航天器的绳系部分采用了一段非导体（惰性部分），该部分是由抗拉能力强且绝缘性好的惰性绳子制成的。导体部分的绳系材料选择主要取决于材料是否有相对较低的电阻率和较小的密度，实际应用中还要考虑成本、强度、熔点等，目前的导电绳大多采用强度高、制造简单、成本低的铝制合金。

对于裸导电绳，还可以将其作为阳极吸收电子装置，从而省去电子收集装置。在

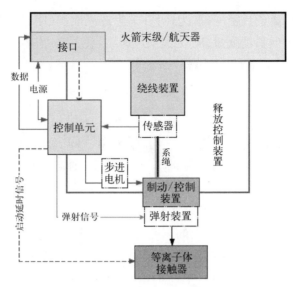

图 3-5 典型 EDT 的系统组成图

绳系的导电部分中,靠近 HCPC 处的导电绳是包裹绝缘层的,通常长度为几百米,绝缘部分的作用是屏蔽该处绳系的负电势,使接触器发射的电子可以迅速回到绳系中,维持耦合电流。

另外,绳系在结构上的设计需要考虑其在空间环境中的生存率。EDT 在离轨过程中,空间微流星和碎片的撞击有可能导致绳系断裂,绳系的张力过大也会对绳系造成危险。因此,要对绳系的结构进行合理设计,以减小断裂的风险。绳系设计必须保证其在较长的任务周期中的存活率达到 95% ~ 98%。其中包括被空间碎片切断的风险。单线绳系的存活率一般很低,采用多股线绳系结构可以保证足够的存活率。例如,Hoyt 设计的绳系由多股绳束编织而成,其结构为几条平行绳束,中间周期性相连,可以为载荷和电流提供冗余路径,以便在几股绳束断裂的情况下仍能保持设计载荷。上述设计能够提供长达几年的存活率。此外,学者发现,带状绳系不仅能吸收更多的空间电荷,而且能在空间任务中大大提高其可靠性,因而近几年带状绳系的研究逐渐成为热点。本书仿真程序中的绳系也采用了带状绳系。除了空间碎片,原子氧、紫外线辐射、带电粒子辐射、真空热交替、超高速粒子撞击及导体绳系电阻发热也为绳系带来很大隐患。对于这些危害,目前所采取的措施主要是在绳系的外围涂上抗氧化涂层。

2. 释放控制装置

释放控制装置是 EDT 系统开始空间任务时能否成功的关键装置,它用来将母星与子星分离。如果展开装置出现问题,则会导致总体任务失败,所以设计一套高可靠性的释放控制装置至关重要。典型的释放控制装置主要包括子星释放装置、绳系制动装置等部件。释放控制装置的设计要尽量令其质量、尺寸和复杂度最小，要保证绳系能够安全平滑地完全伸展，并能够保护绳系和绳系机构，防止其在休眠阶段受到太空环境的污染和太空垃圾的撞击。

在绳系伸展结构设计与控制方面，图 3-6 展示了 JAXA 设计的一种释放控制装置的概念及实物图，其中包括线轴、缓冲轮、制动轮、剪切器等。线轴用来缠绕用于试验的电动绳系；在子星终端获得一定初速度后，绳系会从线轴上牵引而出，进行伸展操作；张开过程中需要制动装置，在绳索展开末期进行制动控制；如果发生紧急情况，则需要切断装置切断绳系。

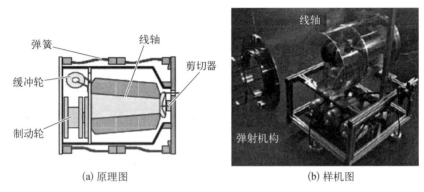

(a) 原理图　　　　　　　　　　(b) 样机图

图 3-6　JAXA 释放控制装置原理与样机图

展开机构上通常会配置控制装置，绳系释放控制装置相当于系统的最高指挥调度，负责协调、控制系统中其他各部件的动作，该装置可以用来控制绳系的相关动作，通常包括绳系的伸展控制、摆动控制、回收控制、避险控制等。

3. 空间电荷收集装置

电离层是地球大气的一个重要层区。它是由太阳电磁辐射、宇宙线和沉降粒子作用于地球高层大气，使大气电离而形成的由电子、离子和中性粒子构成的能量很低的准中性等离子体区域，因此电离层实际上是由等离子体构成的。

在电动力绳系中，由于电磁感应的存在，绳系和电离层之间形成电势差，带电粒子被排斥或吸引。被吸引的颗粒将被极性表面收集，而被排斥的颗粒将返回该空间的等离子体中。从理论上来说，任意处在地球等离子层环境中的金属物体都可以在空间离子环境中收集电子或离子，但是空间电离环境中电子的密度很小，使得很大的导体接触面积才能产生足够的电流，同时在空间电磁环境中存在德拜屏蔽效应，当电子收集饱和后，电子的收集能力显著下降。

图 3-7 表示的是球形结构和裸导电绳结构的空间电荷收集装置。早期的电动力绳系的试验电子收集装置采用巨型球形结构，如 TSSR 在轨飞行试验中采用的就是球形吸收电荷装置，不管是理论上还是试验中测得的收集电流能力都较弱。球形结

构的电子收集位置集中会导致后续吸收电子能力减弱,时间越长,累计效应越大,会降低电子的收集效率。为避免这一问题,Sanmartin对比了球形电子收集器和裸导电绳的各种电流特性,提出细圆柱体形裸导电绳可以作为一种效率更高的电子收集装置,从而在总体系统质量较低的情况下收集更多的电流,具有更好的应用前景。

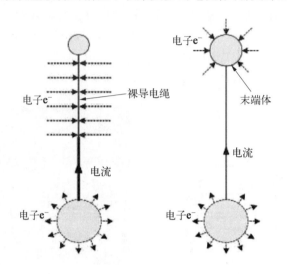

(a) 裸导电绳收集电子　　　　(b) 末端体收集电子

图3-7　两种不同类型的空间电子收集装置示意图

4. 电流发射装置

空间电荷(主要是电子,因为离子质量大)的收集和发射装置也称为等离子接触器,在外层空间中,为了使环境等离子体和EDT之间形成回路,电子电流必须从EDT系统回到空间电离层中。裸导电绳与球形末端体收集器收集电子和离子的过程是被动的,主动的电子和离子发射装置有热电子阴极、场发射阵列(field emission array, FEA)阴板、HCPC。表3-1列出了各种电流发射装置的优缺点。

表3-1　各种电流发射技术优缺点比较

电流发射装置	优　点	缺　点
热电子阴极	结构简单、技术成熟	受空间电荷影响
场发射阵列阴极	结构小、耗电低	技术不成熟
HCPC	发射电流大	需要额外储气装置

热电子阴极也称为电子枪,主要原理是加热金属或者金属氧化物,当表面物质的热振动能量大于克服电子束缚力所需的功时,表面会逸出电子而发射出来。热电子发射的电流密度随着温度的升高而迅速上升,释放大量电子进入表面附近的真空,此过程中电子枪所要施加的电压是可利用公式计算出来的。但是电子枪发

射电子的效率低,对金属表面逸出功的要求高。

场发射阵列阴极不是像热电子枪那样发射电子,它对温度的要求低。图 3 - 8 为 Spindt 场发射阵列阴极,是 1976 年美国 Spindt 等首次研制的微米量级的尖锥场发射阵列阴极,它是由两部分导体夹着一个绝缘层构成的,在上面导体层和绝缘层上分布着排成阵列的小洞。这种阴极结构由于结构小巧,只需要很小的电压就可以控制每个尖端的发射。FEA 阴极具有较好的应用前景,其结构简单、体积小、功耗小,不需要携带气体容器。

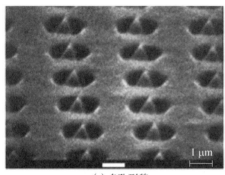
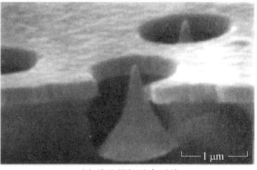

(a) 多孔形貌　　　　　　　　　　　　　(b) 单孔局部放大形貌

图 3 - 8　Spindt 场发射阵列阴极

HCPC 的放电原理如图 3 - 9 所示,工作气体(通常是氙气)流入阴极管内,在阴极顶限流小孔作用下,阴极管的压力通常比小孔外的压力高几个数量级。当利用加热器将发射体缓慢加热到一定温度时,在对阴极加上数百伏点火电压后,发射体和点火电极之间将产生气体放电。空心阴极具有寿命长、发射电流大、效率高、体积小、质量轻等特点,能够满足空间技术对电子元器件的多方面要求。

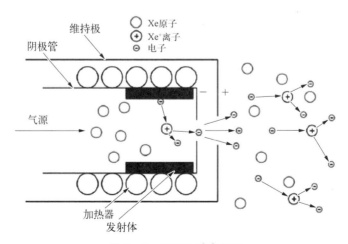

图 3 - 9　HCPC 放电原理

3.2.2　空间交换电荷过程

1. HCPC 电荷交换原理

空心阴极的电荷交换原理如图 3-9 所示。在气体放电建立起来以后,阴极管内产生高密度的等离子体,发射体表面产生亚微米尺度的等离子体鞘层,发射体表面形成了 10^7 V/m 的强电场,导致发射体产生增强热电子发射。发射的初始电子在双鞘层电位加速下,在阴极管内空间振荡,并与 Xe 原子碰撞,以逐级电离为主要方式,电离 Xe 原子,使阴极管内的等离子体得以维持。同时,等离子体中的离子在发射体表面双鞘层的加速下,不断轰击加热发射体,能够维持阴极发射体的温度。此时,关闭加热器电源,并将触持极切换到 8~20 V 的维持电压,HCPC 处于自持热阴极弧光放电状态。处于自持弧光放电状态的 HCPC 内部的等离子体密度高达 10^{20} cm^{-3},如果使下游电位高于触持极电位,将会从接触器中引出电子,从而与外界形成电荷交换。

发射电流-偏置电压曲线(C-V 曲线)是衡量一个 HCPC 性能的关键参数;其中,偏置电压指的是阴极管相对于外界环境等离子体的电位,一般是负值,发射电流指的是空心阴极能发射到外界环境等离子体的净电子电流,两者的关系一般如图 3-10 所示。初始时刻,偏置电压(绝对值,后面所指相同)较小,阴极发射电流极小;随着偏置电压的增大,发射电流变大,在一定偏置电压区域范围内,发射电流急剧变化,对应的偏置电压(范围)称为钳位电压;当偏置电压进一步增大时,由于空心阴极受到自身电离度和气体流量的影响,发射电流不再增大,趋于一个常值。目前,HCPC 的应用区域主要处于钳位电压的范围内,即发射电流急剧变化的区域,但接触器发射能力并没有达到饱和。因此,只需要给阴极提供变化不大的偏置电压,就能满足较大范围的发射电流的需求。

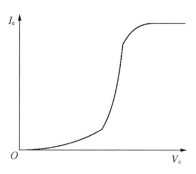

图 3-10　空心阴极接触器 C-V 曲线示意图

2. EDT 空间电荷交换模型

本书的计算只考察裸线 EDT 系统降轨模式,如 3.2.1 节中"空间电荷收集装置"部分介绍的,裸线 EDT 系统利用裸露的导电绳采集电荷,以取代绳系终端的电荷采集装置。裸线 EDT 系统的电荷交换原理如图 3-11 所示,其由吸收电子的正偏置 AB 段、吸收离子的负偏置 BC 段和 HCPC 电子发射装置的 C 端组成。

1) 导电绳上电势分布

等离子体电势与感应电场有关,感应电场 E 来源于绳系切割空间磁感线 B,其表达式为

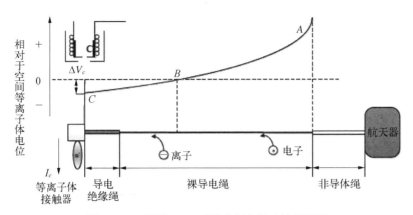

图 3 - 11　裸线 EDT 系统空间电荷交换原理图

$$\boldsymbol{E} = (\boldsymbol{v} - \boldsymbol{v}_{\mathrm{p}}) \times \boldsymbol{B} \qquad (3-15)$$

其中，$\boldsymbol{v}$ 表示系绳相对于惯性坐标系的速度；$\boldsymbol{v}_{\mathrm{p}}$ 是等离子体当地速度。由于系统是基于哑铃模型，所以，长度为 l 的绳系的速度 $\boldsymbol{v}$ 可以用系统的质心速度 $\boldsymbol{v}_{\mathrm{C}}$ 表示：

$$\boldsymbol{v} = \boldsymbol{v}_{\mathrm{C}} + (l - l_c)\,\boldsymbol{\omega} \times \boldsymbol{u} \qquad (3-16)$$

在 EDT 的通常工作条件下，角速度的贡献相比于质心的旋转效应可以忽略不计，因此电场强度可以直接用绳系质心处的电场强度替代：

$$\boldsymbol{E} = (\boldsymbol{v}_{\mathrm{C}} - \boldsymbol{v}_{\mathrm{p}}) \times \boldsymbol{B} \qquad (3-17)$$

任何带电粒子都将受到电场强度的影响。因为沿着绳系的磁场和等离子体速度的变化可以忽略，因此电场强度沿着绳系方向是恒定的，即

$$V_{\mathrm{p}} = -\boldsymbol{E} \cdot \boldsymbol{x} + c \qquad (3-18)$$

式中，c 是无相关常数，在哑铃模型下，取绳系上一段微元 l，与绳系相对速度关系为 $\boldsymbol{x} = l \cdot \boldsymbol{u}$，对降轨模型而言，绳系附近的等离子体电势分布为

$$\frac{\mathrm{d}V_{\mathrm{p}}}{\mathrm{d}l} = -E_{\mathrm{m}} \qquad (3-19)$$

另一方面，在导电绳上，电势的分布服从欧姆定律，电流的流向从阴极流向阳极，因此，绳系的任意一段的电势表达式为

$$\frac{\mathrm{d}V_{\mathrm{t}}}{\mathrm{d}l} = \frac{I}{\sigma A_{\mathrm{t}}} \qquad (3-20)$$

其中，σ 是绳系的电导率；A_{t} 是导电绳的横截面积。联立式（3-19）和式（2-20），可得到绳系上电流和电势的分布关系，如图 3-12 所示。

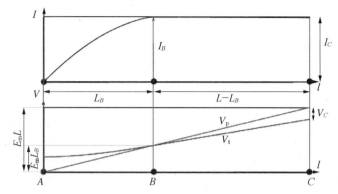

图 3 - 12 裸线电动力绳系上电流和电势分布关系

同时,由图 3 - 12 可得:

$$V_C = E_m (L - L_B) - \int_{L_B}^{L} \frac{I(l)}{\sigma A_t} dl \tag{3-21}$$

由此可知,导电绳上的电势差 $\Delta V = V_t - V_p$,与导电绳边界条件和电流 I 有关。

2) 空间电荷收集模型

有关电子和离子是如何在电离层被在地球轨道运行的绳系所收集的理论有很多。其中描述最为符合实际的是麦克斯韦等离子体的 OML 理论。该理论提出,电子和离子的收集过程中的电压与电流可用一阶微分方程描述。

$$\frac{dI}{dl} = \begin{cases} \dfrac{eN_e p}{\pi} \sqrt{\dfrac{2e\Delta V}{m_e}}, & V_t - V_p > 0 \\[3mm] -\dfrac{eN_e p}{\pi} \sqrt{\dfrac{-2e\Delta V}{m_i}}, & V_t - V_p < 0 \\[3mm] 0, & \text{其他} \end{cases} \tag{3-22}$$

式中,e 为电子电荷;N_e 为电子密度;l 为绳系的单位绳长;V_t 为绳系上的电势;V_p 为空间等离子体电势;m_e 为电子的质量;m_i 为离子的质量。由于电子的质量远小于离子,电子的吸收效率远大于离子,因此可以只考虑电子吸收效率。其中电压差 $(\Delta V = V_t - V_p)$ 满足如下微分方程:

$$\frac{d\Delta V}{dl} = \frac{I}{\sigma A_t} - E_m \tag{3-23}$$

联立微分方程式(3 - 22)和式(3 - 23)可解出绳系中的电流变化情况,因此,裸绳系电流实际是一个解微分方程边界值问题,其边界条件为

$$\begin{cases} V_t \big|_{l=0} = V_A \\ I \big|_{l=0} = 0 \\ V_p \big|_{l=0} = 0 \end{cases} \tag{3-24}$$

和

$$\begin{cases} V_t \big|_{l=L} = V_p \big|_{l=l} - V_C \\ V_p \big|_{l=L} = E_m L \\ I \big|_{l=L} = I_C \end{cases} \tag{3-25}$$

式(3-24)和式(3-25)中，V_A 为绳系 AC 的 A 端电势；V_C 为绳系 AC 的 C 端电势，即等效于电离子接触器发射端的电势；I_C 为发射电流。求解上述方程需要引入额外的边界条件，该边界条件由 EDT 末端的电荷发射装置或任务目标所决定，可根据电流发射设备的种类和型号确定该发射器在阴极端的电流参数。这不同于以往学者的方法，假设 EDT 的 C 端偏置电压为常数来求解上述方程。

3.2.3　电动力绳系的动力学特性

EDT 在空间运行过程中，会受到重力梯度力、洛伦兹力及大气阻力等诸多因素影响，加上绳系质量轻、柔性大、长度长，所以具有很强的非线性特性，使得其在运行过程中会表现出空间姿态不稳定性、面内及面外振荡等动力学特性。这对空间任务的进行会产生很大影响。因此，研究 EDT 在运行状态的各个因素对受力变化的影响、振荡控制等动力学问题具有意义。

EDT 的动力学研究可以追溯到 20 世纪 80 年代，1987 年 Levin 系统地分析了 EDT 的稳定性问题，将绳索视为弹性体，将绳系看作运行在地球赤道平面上的偶极子模型，研究得出，绳系在平衡位置时处于准稳定状态。

到目前为止，学者主要将绳系的动力学模型建立在四种模型基础之上：哑铃模型、弹性杆模型、珠连模型及柔索模型。哑铃模型是指将系统等效为在一根细长刚性杆的两端分别连接两个集中质量块的形式，该模型虽然与绳系具有柔性的实际特性差别较大，但是因为结构简单，模拟仿真计算量小，同时能准确反映绳系拉直状态下的情况，因此在 EDT 运动模拟仿真时被大量采用。其余模型均将绳系看成柔性系统，虽然建立的模型更加贴合实际，但是模型复杂，运算仿真慢。学者也在柔性模型上建立了大量的动力学性能研究，Watanabe 考虑了绳索的柔性特性，在珠连模型下研究了"输入形状法"在减缓 EDT 初始振荡中的应用，运用了两种不同的形状来设计电流输入命令，并对降轨和轨道模式进行了模拟仿真。

孔宪仁等基于 EDT 离轨系统动力学问题，提出了一种可反映在电动力产生的拉力和重力梯度力作用下绳索弯曲变化情况的柔索模型,并利用算例比较了柔索模型和哑铃模型在进行降轨时间预估时的差异。

Colombo 应用偶极子模式,假设绳系与地球旋转轴线一致,得到绳系的横向动力学特性振荡,同时发现绳系在纵向以一种不规则的形式振荡。2000 年,在 ProSED 项目分析中发现,绳系还存在一种未知的新型振荡形式,在倾斜轨道上,绳系存在一种横向和纵向的耦合振动,加剧了电动力绳系的振荡,振动原因是在绳系质量中心存在洛伦兹力矩,该力矩将能量转移到绳系的中心点处产生相对运动,从而造成绳系的不稳定振荡。该研究指出,不管是对于刚性模型还是柔性模型,该振动都存在。

2005 年,Peláez 提出一种"自平衡式"的 EDT 模型,用自平衡洛伦兹力的方式来减弱上述的不稳定性,同时指出电流特性和系统质量在不稳定振荡中造成了很大的影响。

1. 电动力绳系动力学哑铃模型

针对电动力绳系,最为常用的是刚性杆模型(哑铃模型)。此模型忽略绳系柔性,将其视为一根不可拉压的刚性杆,即绳系刚度趋于无穷大,两端连接着在轨航天器与末端载荷。哑铃模型中做出了如下基本假设。

(1)在重力梯度力的作用下,当地垂线与绳系对齐。

(2)地球简化为简单的球体,忽略其扁动效应。

(3)绳系两端飞行器视为集中质量,绳子视为刚性体。

为了验证刚性杆模型假设的合理性,通过研究绳系变形程度的效应得到绳索的弯曲方程:

$$y = \frac{a}{2}\left(e^{\frac{x}{a}} + e^{-\frac{x}{a}} \right) \tag{3-26}$$

其中,$a = T_A/f_e$,为绳索的曲率半径;T_A、f_e 分别为绳系中拉力和单位长度绳系受到的外力。假设绳系长度为 L,由式(3-36)可得绳系在外力作用下最大的下垂距离为

$$\Delta y = \frac{a}{2}\left(e^{\frac{L}{2a}} + e^{-\frac{L}{2a}} - 2 \right) \tag{3-27}$$

假设绳系受电动力作用弯曲后,需要保证绳系的有效长度为原长度的95%以上,可以估算出绳系通过的最大电流为 7 A,但是随着轨道高度的增加,电流随着磁场和等离子层密度的减小而变小,因此采用哑铃模型具有一定的可行性与合理性。

2. 电动力绳系柔索模型

该模型认为绳系是柔性连续的,柔性缆绳为无穷维非线性系统,如果使用

Hamel 场形式表述缆绳的动力学模型,即在 Hamel 场论下选取特殊的非坐标标架构造,能够大大简化系统的动力学方程,尤其适合描述无人机缆绳做大范围和大变形的运动。对具体的方法的描述如下。

（1）首先根据缆绳的形状、弯曲、扭转以及剪切影响等特点,把缆绳建模为基于几何精确杆的数学模型（图 3 - 13）,该数学模型可以用于描述大变形和大范围运动。

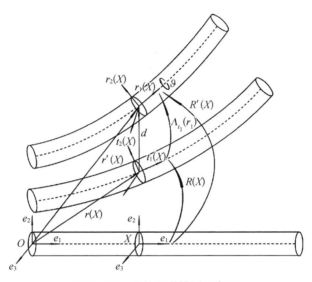

图 3 - 13　缆绳数学模型示意图

（2）考虑缆绳自身的重力和平台及其他受力等,得到缆绳的拉格朗日（Lagrange）函数：

$$L(q, v, F) = T(q, v) - \varPi_{\text{int}}(q) + \varPi_{\text{ext}}(F) \qquad (3-28)$$

其中, $T(q, v)$ 表示缆绳系统的动能; $\varPi_{\text{int}}(q)$ 表示缆绳弯曲所产生的内部能量; $\varPi_{\text{ext}}(F)$ 表示重力势能及外力矩所产生的能量; q 为缆绳的位形函数; v 为缆绳的速度函数。

（3）根据缆绳运动的特性,使用 Hamel 场形式,即从场论的角度在速度空间中引入非物质坐标框架 (q, ξ) ,对缆绳系统进行约化,不仅能够大大简化力学系统的运动方程及其分析,还可充分利用其 Lagrange 函数的欧式群不变性,广泛适用于大变形和大范围运动,约化后的 Lagrange 函数为

$$L(q, \xi, F) = T(q, \xi) - \varPi_{\text{int}}(q) + \varPi_{\text{ext}}(F) \qquad (3-29)$$

（4）由 Hamilton 变分原理,对上述 Lagrange 函数的作用积分进行变分：

$$\delta \int_{t_1}^{t_2} L(q,\ \xi,\ F)\ \mathrm{d}t = 0 \tag{3-30}$$

即可得到缆绳系统的动力学方程。

　　另外,为了求解系统,还需要根据所选取的非物质坐标框架(q,ξ),添加一个相容性条件,其在几何上可以解释为平坦性条件,用来决定非物质坐标框架(q,ξ)所确定的分布函数的可积性。

第4章

电帆和电动力绳系的关键技术

4.1 电帆的关键技术

4.1.1 电帆展开技术

关于太阳帆的展开方法,国内外已经研究了十余年的时间。太阳帆的展开方式可以归纳为四类:

(1) 机械展开。

(2) 充气展开。

(3) 弹性展开。

(4) 自旋展开。

以下将分别分析这四种展开方式,以判别这些展开方式是否适合于电帆导线的展开。

1. 机械展开

机械展开方式常用于大口径的环形天线的展开,已经有较成熟的技术,如图4-1和图4-2所示。在这种结构中,桅杆是一个可展开的机械系统,在电机的带

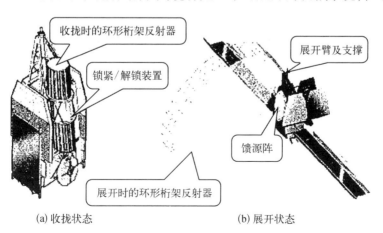

(a) 收拢状态   (b) 展开状态

图4-1 环形可展开天线收拢和展开状态结构示意图

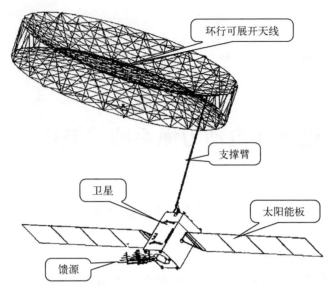

图4-2　大口径环形天线卫星系统工作时的简化模型

动下,沿着支撑结构能够带动帆体到达指定的位置。

这种方式可以用于太阳帆,因为太阳帆由数量不多的薄膜组成,而电帆的导线数量较多(100～1 000),长度更是达到千米级,使用机械展开将使展开机构复杂笨重。因此,机械展开方式不适用于电帆导线的展开。

2. 充气展开

目前充气展开方式广泛应用于大型可展开结构中。一般情况下,充气结构展开以后需要对表面的材料进行硬化处理来保持帆面展开后的位形。但由于这种展开方式中的充气材料及充气后的硬化方式还不是很完善,因此充气展开方式的发展受到了一定的限制。

目前,许多国家都已经对充气展开结构做了大量工作,如1996年5月NASA成功进行了充气天线轨道释放试验。另外美俄合作研制的"宇宙一号"太阳帆于2005年6月发射(图4-3),但火箭发动机出现故障,导致发射失败。

充气方式同样不适用于电帆导线的展开,原因在于电帆导线只有微米量级,且导线数量多,工程上无法实施充气展开。

3. 弹性展开

弹性展开同样是一种适合于太阳帆使用的展开方式。初始状态下桅杆绕在中心鼓轮上,在弹性力的作用下,桅杆和太阳帆同时展开,但是这种展开方式的缺点是无法调整帆体最终的位形。

例如,美国空军实验室研究了利用弹性力展开小型太阳帆模型,目的是为将来一些小卫星的姿态调整提供推力。图4-4(a)中初始状态小型太阳帆的桅杆缠绕

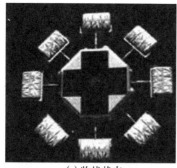

(a) 收拢状态

(b) 开始展开

(c) 径向展开完成

(d) 完全展开状态

图 4 - 3 "宇宙一号"太阳帆展开过程示意图

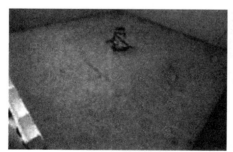

(a) 初始状态

(b) 太阳帆弹性展开过程

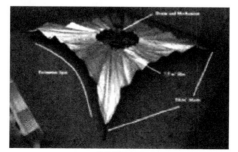

(c) 展开后

图 4 - 4 利用弹性展开示意图

在中心鼓轮外侧,展开过程中利用弹性力通过桅杆带动薄膜展开,除了中心桅杆保持展开后的形状,太阳帆的四周也有类似于桅杆的结构。该展开方式的优点是不需要人为加入驱动力,降低模型的复杂性。

弹性展开依靠桅杆结构来实现,而电帆导线的长度过长,使得弹性展开无法实现。因此弹性展开无法应用于电帆导线的展开。

4. 自旋展开

自旋展开是一种成熟的展开技术,也被太阳帆所采用,其原理是利用自旋产生的离心力甩开折叠的太阳帆薄膜,并利用离心力保持展开后的位形。这种展开方式的优点是不需要额外的支撑结构来保持展开后的位形,从而减小了结构质量,降低展开能耗。因此自旋展开方式在太阳帆航天器中得到了广泛的应用。

20 世纪 60 年代,Schuerch、Macneal、Hedgepeth 等美国学者对自旋展开结构的探索基本属于机构学的研究范畴。例如,Macneal 和 Hedgepeth 仿照直升机悬翼系统提出了螺旋陀螺太阳帆概念,采用柔性可伸展的转子叶片构成太阳帆。此后,美国航天界对大口径抛物面反射望远镜(LOFT)的可行性研究促进了对自旋展开过程的研究。

1993 年俄罗斯研制的"Znamya 2 号"利用自旋展开技术在太空中展开,该太阳帆由 8 片扇面组成反射面,每个扇面的折叠方式如图 4-5(a)所示,8 片扇面在初始状态下有顺序地缠绕在中心鼓轮外侧,随后在离心力的作用下,薄膜逐步展开。图 4-5(b)为帆面完全展开后的模型图。

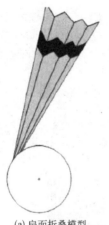

(a) 扇面折叠模型　　　　　　　　(b) 完全展开后的模型

图 4-5　"Znamya 2 号"展开示意图

2010 年 5 月 21 日,JAXA 成功发射了伊卡洛斯号太阳帆,随后该太阳帆在太空中成功展开。伊卡洛斯号拥有一面对角线长为 20 m 的方形帆面,由聚酰亚胺树脂材料制成,柔韧性非常好,厚度仅为 7.5 μm,相当于人类头发丝的几分之一。图 4-6 为太阳帆在太空中展开过程模拟图。首先,在离心力的作用下,4 根辐条绕着中心鼓轮展

(a) 展开前

(b) 辐条伸展开

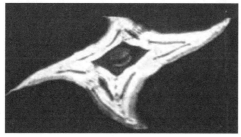
(c) 展开后

图 4-6　伊卡洛斯号太阳帆展开示意图

开。然后,在辐条完全伸展开后,薄膜的帆面开始旋转打开。

通过已有的研究可以看出自旋展开具有以下优点:

(1) 自旋离心力可以提供结构的面内刚度,使得结构可采用轻质柔性材料制成。

(2) 采用相对简单的控制方法即可以获得稳定的展开。

(3) 自旋展开过程的控制可快可慢,从而适用于多种任务。

以上三点优势正是电帆导线展开所需要的,电帆导线由直径微米级的铝合金等金属制造,且长度达千米级,故柔性很大,自旋离心力可以提供电帆帆面的面内刚度,使得柔性导线自然展开并保持一个整齐的圆面。同时,自旋展开的控制方法相对简单,有利于获得相对稳定的展开效果。再者,自旋速度可控,可以和电帆的姿态与轨道控制结合起来,达到最优控制的效果。

5. 电帆超柔性绳索动力学模型

电帆的结构特点是由一个中心刚体及数根超大柔性、细长导线形成的航天器,其动力学建模属于绳索大变形柔性体动力学建模,是近年国内外学者的研究热点。

绳索的建模方法主要分为离散模型和连续模型两大类。其中,离散模型将绳索离散成若干刚性体或集中质量点,而两个物体之间通过旋转副、球铰、弹簧单元等连接;连续模型的本质就是把绳索视为具有大变形的细长弹性梁,利用牛顿定律或者 Hamilton 原理推导出弹性梁的运动偏微分方程,然后离散求解,连续模型多用于静力学分析或变形较小的情况,缺乏通用性,故工程模型中很少使用。绳索离散模型建模方法的准确性随着单元自由度的增加而增加,且离散程度越高,计算结果越准确,其中采用绝对坐标下梯度导数描述转角的绝对节点坐标方法(absolute nodal coordinate formulation, ANCF)在模型的精度与效率上更优。因此,电帆动力学建模方法选取了 ANCF。

与电帆特性相关的 ANCF 中有两类模型,分别为中心轴线模型和三维实体梁模型。其中,中心轴线模型能够描述绳索的轴向和弯曲变形,但不能反映绳索的扭转和剪切变形,对于一般的绳索,中心轴线模型已能够较好地反映绳索动力学特性,但对于某些需要考虑绳索扭转及剪切变形的特殊情况,则需要采用三维实体梁模型进行建模。该模型同时考虑了绳索的轴向、弯曲、扭转和剪切变形,相比于中心轴线模型,虽然计算精度更高,但计算效率较差。

超柔性绳索动力学模型应用于电帆的数学仿真验证系统,能够真实地反映电帆在空间运动中的物理特性。

ANCF 采用空间绝对坐标及其梯度作为广义坐标,而没有采用位移和转角,避开小转角的限制,同时基于连续介质力学基本理论,直接采用 Green 应变来描述大位移、大转动和大应变问题,因此能够很好地描述柔性体的大变形运动。基于绝对节点坐标中的弹性梁模型,能够很好地实现柔性绳索的动力学建模。

本节首先介绍中心轴线模型和三维实体梁模型。中心轴线模型能够描述绳索的轴向和弯曲变形,但不能反映绳索的扭转和剪切变形,对于一般的绳索,中心轴线模型已能够较好地反映绳索动力学特性,但对于某些需要考虑绳索扭转及剪切变形的特殊情况,需要采用三维实体梁模型进行建模。该模型中同时考虑了绳索的轴向、弯曲、扭转和剪切变形,相比于中心轴线模型,虽然计算精度更高,但计算效率较差。

1) 中心轴线模型

中心轴线模型通过绳线中心轴线来描述绳索的运动及变形,考虑了绳索的弯曲及轴向变形,能够较为准确地反映绳索大变形动力学特性,且该模型具很高的计算效率。

(1) 运动学描述。基于连续介质力学方法,绳索中心轴线上任意点的位置可表示为

$$
{}^{j}\boldsymbol{r} = \begin{bmatrix} {}^{j}r_1 \\ {}^{j}r_2 \\ {}^{j}r_3 \end{bmatrix} = \begin{bmatrix} a_0 + a_1 x + a_2 x^2 + a_3 x^3 \\ b_0 + b_1 x + b_2 x^2 + b_3 x^3 \\ c_0 + c_1 x + c_2 x^2 + c_3 x^3 \end{bmatrix} \tag{4-1}
$$

其中,上标 j 表示第 j 个绳索单元。

图 4 - 7 为绳索单元模型,设单元的长度为 L,绳索单元的广义坐标为

$$
{}^{j}\boldsymbol{q} = \begin{bmatrix} {}^{j}\boldsymbol{q}_1 & {}^{j}\boldsymbol{q}_2 \end{bmatrix} = [{}^{j}\boldsymbol{r}^{\mathrm{T}}(0) \quad {}^{j}\boldsymbol{r}_x^{\mathrm{T}}(0) \quad {}^{j}\boldsymbol{r}^{\mathrm{T}}(L) \quad {}^{j}\boldsymbol{r}_x^{\mathrm{T}}(L)]^{\mathrm{T}} \tag{4-2}
$$

其中，${}^{j}\boldsymbol{r}(0)$ 和 ${}^{j}\boldsymbol{r}_{x}(0)$ 分别表示端点 1 处的位置向量和梯度向量，而 ${}^{j}\boldsymbol{r}(L)$ 和 ${}^{j}\boldsymbol{r}_{x}(L)$ 分别表示端点 2 处的位置向量和梯度向量。

绳索单元中轴线上一点（x 处）的位置矢量用广义坐标可表示为

$$ {}^{j}\boldsymbol{r}(x,\ t) = \boldsymbol{S}(x){}^{j}\boldsymbol{q}(t) \qquad (4-3) $$

其中，$\boldsymbol{S}(x)$ 为三维 ANCF 绳索单元的形函数，具体形式如下：

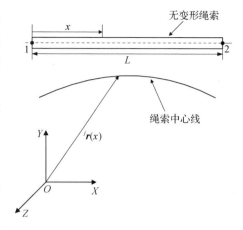

图 4-7　绳索单元模型

$$ \boldsymbol{S}(x) = \begin{bmatrix} \boldsymbol{S}_{1}^{\mathrm{T}} & \boldsymbol{S}_{2}^{\mathrm{T}} & \boldsymbol{S}_{3}^{\mathrm{T}} \end{bmatrix}^{\mathrm{T}} $$

$$ \boldsymbol{S}_{1} = \begin{bmatrix} 1-3\xi^{2}+2\xi^{3} & 0 & 0 & L(\xi-2\xi^{2}+\xi^{3}) & 0 & 0 & 3\xi^{2}-2\xi^{3} & 0 & 0 & L(-\xi^{2}+\xi^{3}) & 0 & 0 \end{bmatrix} $$

$$ \boldsymbol{S}_{2} = \begin{bmatrix} 0 & 1-3\xi^{2}+2\xi^{3} & 0 & 0 & L(\xi-2\xi^{2}+\xi^{3}) & 0 & 0 & 3\xi^{2}-2\xi^{3} & 0 & 0 & L(-\xi^{2}+\xi^{3}) & 0 \end{bmatrix} $$

$$ \boldsymbol{S}_{3} = \begin{bmatrix} 0 & 0 & 1-3\xi^{2}+2\xi^{3} & 0 & 0 & L(\xi-2\xi^{2}+\xi^{3}) & 0 & 0 & 3\xi^{2}-2\xi^{3} & 0 & 0 & L(-\xi^{2}+\xi^{3}) \end{bmatrix} $$

$$ (4-4) $$

其中，$\xi = \dfrac{x}{L}$。

（2）单元动能。由于绳索单元的形函数为常数，绳索上任意一点的速度矢量可写为 ${}^{j}\dot{\boldsymbol{r}} = \boldsymbol{S}{}^{j}\dot{\boldsymbol{q}}$，则绳索单元的动能可写为

$$ {}^{j}T = \frac{1}{2}\int_{0}^{L} \rho \int_{A} {}^{j}\dot{\boldsymbol{r}}^{\mathrm{T}j}\dot{\boldsymbol{r}}\,\mathrm{d}A\mathrm{d}x = \frac{1}{2}{}^{j}\dot{\boldsymbol{q}}^{\mathrm{T}j}\boldsymbol{M}^{j}\dot{\boldsymbol{q}} \qquad (4-5) $$

其中，ρ 和 A 分别为绳索单元的密度和横截面积，${}^{j}\boldsymbol{M} = \int_{0}^{L} \rho\,(A\boldsymbol{S}^{\mathrm{T}}\boldsymbol{S})\,\mathrm{d}x$ 为 ANCF 绳索单元的常值质量矩阵。

（3）单元内能。线弹性索受到预应力，单元正应力为

$$ {}^{j}\sigma = E{}^{j}\varepsilon + {}^{j}\sigma_{1} \qquad (4-6) $$

其中，${}^{j}\sigma_{1}$ 为预应力。单元内能为

$$ {}^{j}U = \int_{V}\left(\frac{1}{2}E{}^{j}\varepsilon^{2} + {}^{j}\sigma_{1}{}^{j}\varepsilon\right)\mathrm{d}V = AL\int_{0}^{1}\left(\frac{1}{2}E{}^{j}\varepsilon^{2} + {}^{j}\sigma_{1}{}^{j}\varepsilon\right)\mathrm{d}\xi \qquad (4-7) $$

（4）动力学方程。系统总的动能和应变能可写为

$$T = \sum_{j=1}^{3k} {}^{j}T = \frac{1}{2}\dot{q}^{T}M\dot{q}, \quad U = \sum_{j=1}^{3k} {}^{j}U = \sum_{j=1}^{3k} AL\int_{0}^{1}\left(\frac{1}{2}E^{j}\varepsilon^{2} + {}^{j}\sigma_{1}^{j}\varepsilon\right)\mathrm{d}\xi \quad (4-8)$$

刚体和柔性体的动力学可以用受约束离散多体系统的微分代数方程描述：

$$\begin{cases} \dfrac{\mathrm{d}}{\mathrm{d}t}\left(\dfrac{\partial T}{\partial \dot{q}}\right)^{\mathrm{T}} - \left(\dfrac{\partial T}{\partial q}\right)^{\mathrm{T}} + \left(\dfrac{\partial U}{\partial q}\right)^{\mathrm{T}} + \left(\dfrac{\partial C}{\partial q}\right)^{\mathrm{T}}\lambda = Q_{e} \\ C(q,\ t) = 0 \end{cases} \quad (4-9)$$

式中，C 为约束方程；λ 为约束方程对应的拉氏乘子；Q_e 为广义力矢量，q 和 λ 都是未知量。

2）三维实体梁模型

三维实体梁模型考虑了绳线的截面变形特性，因此具有更高的建模精度，但相比于中心轴线模型，计算效率相对较低。

三维实体梁单元模型如图 4-8 所示。该单元的位移场表示为

$$\boldsymbol{r} = \begin{bmatrix} r_1 \\ r_2 \\ r_3 \end{bmatrix} = \begin{bmatrix} X \\ Y \\ Z \end{bmatrix} = \begin{bmatrix} a_0 + a_1 x + a_2 y + a_3 z + a_4 xy + a_5 xz + a_6 x^2 + a_7 x^3 \\ b_0 + b_1 x + b_2 y + b_3 z + b_4 xy + b_5 xz + b_6 x^2 + b_7 x^3 \\ c_0 + c_1 x + c_2 y + c_3 z + c_4 xy + c_5 xz + c_6 x^2 + c_7 x^3 \end{bmatrix} = Sq$$

$$(4-10)$$

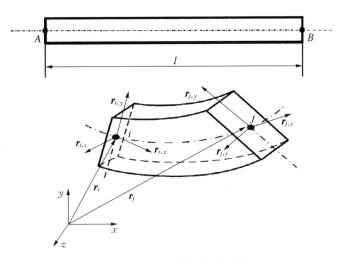

图 4-8　三维二节点变形梁单元

单元每个节点有 12 个节点坐标，两个节点合计共有 24 个节点坐标：

$$q = \begin{bmatrix} q_i & q_j \end{bmatrix}^{\mathrm{T}} = \begin{bmatrix} r_i & r_{i,x} & r_{i,y} & r_{i,z} & r_j & r_{j,x} & r_{j,y} & r_{j,z} \end{bmatrix}^{\mathrm{T}} \quad (4-11)$$

式中，$r_{i,x}$ 为任一节点 i 的位置对 x 方向的一阶偏导数，即 $r_{i,x} = \dfrac{\partial r_i}{\partial x}$，表示在 x 方向梁单元截面的变形程度，其他节点坐标的定义与其相同。

所以，柔性梁单元的坐标矢量的定义式为

$$q = \left[r_{i1},\ r_{i2},\ r_{i3},\ \frac{\partial r_{i1}}{\partial x},\ \frac{\partial r_{i2}}{\partial x},\ \frac{\partial r_{i3}}{\partial x},\ \frac{\partial r_{i1}}{\partial y},\ \frac{\partial r_{i2}}{\partial y},\ \frac{\partial r_{i3}}{\partial y},\ \frac{\partial r_{i1}}{\partial z},\ \frac{\partial r_{i2}}{\partial z},\ \frac{\partial r_{i3}}{\partial z},\ r_{j1},\ r_{j2},\ r_{j3}, \right.$$
$$\left. \frac{\partial r_{j1}}{\partial x},\ \frac{\partial r_{j2}}{\partial x},\ \frac{\partial r_{j3}}{\partial x},\ \frac{\partial r_{j1}}{\partial y},\ \frac{\partial r_{j2}}{\partial y},\ \frac{\partial r_{j3}}{\partial y},\ \frac{\partial r_{j1}}{\partial z},\ \frac{\partial r_{j2}}{\partial z},\ \frac{\partial r_{j3}}{\partial z} \right] \tag{4-12}$$

同样，三维梁单元的形函数设为

$$S = \begin{bmatrix} S_1 I & S_2 I & S_3 I & S_4 I & S_5 I & S_6 I & S_7 I & S_8 I \end{bmatrix} \tag{4-13}$$

其中，I 是 3×3 的单位阵，各项系数为

$$S_1 = 1 - 3\xi^2 + 2\xi^3,\ S_2 = l(\xi - 3\xi^2 + 2\xi^3),\ S_3 = l(\eta - \xi\eta),\ S_4 = l(\zeta - \xi\zeta),$$
$$S_5 = 3\xi^2 - 2\xi^3,\ S_6 = l(-\xi^2 + \xi^3),\ S_7 = l\xi\eta,\ S_8 = l\xi\zeta \tag{4-14}$$

其中，无量纲的 $\xi,\ \eta,\ \zeta$ 定义为 $\xi = x/l,\ \eta = y/l,\ \zeta = z/l$，$l$ 为未变形状态下梁单元的长度。

三维梁单元的质量阵亦可以定义为

$$M_a = \int_v \rho S^{\mathrm{T}} S \,\mathrm{d}V$$
$$= \begin{bmatrix}
\frac{13}{35}mI & \frac{11}{210}lmI & \frac{7}{20}\rho l Q_z I & \frac{7}{20}\rho l Q_y I & \frac{9}{70}mI & -\frac{13}{420}lmI & \frac{3}{20}\rho l Q_z I & \frac{3}{20}\rho l Q_y I \\[2mm]
\frac{11}{210}lmI & \frac{1}{105}l^2 mI & \frac{1}{20}\rho l^2 Q_z I & \frac{1}{20}\rho l^2 Q_y I & \frac{13}{420}lmI & -\frac{1}{140}l^2 mI & \frac{1}{30}\rho l^2 Q_z I & \frac{1}{30}\rho l^2 Q_y I \\[2mm]
\frac{7}{20}\rho l Q_z I & \frac{1}{20}\rho l^2 Q_z I & \frac{1}{3}\rho l I_{zz} I & \frac{1}{3}\rho l I_{yz} I & \frac{3}{20}\rho l Q_z I & -\frac{1}{30}\rho l^2 Q_z I & \frac{1}{6}\rho l I_{zz} I & \frac{1}{6}\rho l I_{yz} I \\[2mm]
\frac{7}{20}\rho l Q_y I & \frac{1}{20}\rho l^2 Q_y I & \frac{1}{3}\rho l I_{yz} I & \frac{1}{3}\rho l I_{yy} I & \frac{3}{20}\rho l Q_y I & \frac{1}{30}\rho l^2 Q_y I & \frac{1}{6}\rho l I_{yz} I & \frac{1}{6}\rho l I_{yy} I \\[2mm]
\frac{9}{70}mI & \frac{13}{420}lmI & \frac{3}{20}\rho l Q_z I & \frac{3}{20}\rho l Q_y I & \frac{13}{35}mI & -\frac{11}{210}lmI & \frac{7}{20}\rho l Q_z I & \frac{7}{20}\rho l Q_y I \\[2mm]
-\frac{13}{420}lmI & -\frac{1}{140}l^2 mI & -\frac{1}{30}\rho l^2 Q_z I & \frac{1}{30}\rho l^2 Q_y I & -\frac{11}{210}lmI & \frac{1}{105}l^2 mI & -\frac{1}{20}\rho l^2 Q_z I & -\frac{1}{20}\rho l^2 Q_y I \\[2mm]
\frac{3}{20}\rho l Q_z I & \frac{1}{30}\rho l^2 Q_z I & \frac{1}{6}\rho l I_{zz} I & \frac{1}{6}\rho l I_{yz} I & \frac{7}{20}\rho l Q_z I & -\frac{1}{20}\rho l^2 Q_z I & \frac{1}{3}\rho l I_{zz} I & \frac{1}{3}\rho l I_{yz} I \\[2mm]
\frac{3}{20}\rho l Q_y I & \frac{1}{30}\rho l^2 Q_y I & \frac{1}{6}\rho l I_{yz} I & \frac{1}{6}\rho l I_{yy} I & \frac{7}{20}\rho l Q_y I & -\frac{1}{20}\rho l^2 Q_y I & \frac{1}{3}\rho l I_{yz} I & \frac{1}{3}\rho l I_{yy} I
\end{bmatrix}$$
$$\tag{4-15}$$

其中，ρ 是单元质量密度；V 是单元体积；I 是单位矩阵；m 是单元质量。

3）动平衡下的离心刚化影响分析

对电帆动力系统进行控制器设计时,超柔性动力学模型往往不利于控制模型的观测、计算等工程应用,但仅简单地使用刚体等效模型,也会对整个电帆系统的精度造成损失,因此,需要分析不同建模形式的控制力学特性。

由于绳索的质量相对于末端质量块很小,末端质量块旋转产生的离心力远大于绳索自身质量的分布离心力。设末端质量块产生的离心力为

$$\boldsymbol{Q}_{cv} = m_1 \omega^2 L \tag{4-16}$$

离心力 $\boldsymbol{Q}_{cv}$ 产生的拉力在绳索中引起的应变为

$$\sigma_0 = \frac{\boldsymbol{Q}_{cv}}{A} \tag{4-17}$$

另外,末端质量块在工程模型中可简化为一质点,仅考虑其惯性离心力对绳索的影响,当绳索柔性很大时,弯曲刚度也可忽略不计。

动平衡状态下,绳索受到末端质量块旋转产生的离心力,处于受拉状态,绳内含有预应力,使得绳索整体表现出的刚度比静态刚度大,这个现象为绳索的离心刚化效应。电帆姿态控制系统主要是针对动平衡下的绳索进行控制,此时绳索(经离心刚化后)可做小变形等效假设,如图 4-9 所示。

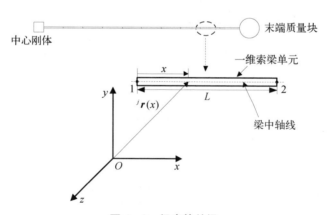

图 4-9　绳索等效梁

绳索长度 $l = 10$ m,横截面半径 $r = 2$ mm,弹性模量取 $E = 2 \times 10^9$ Pa,密度 $\rho = 7\,200$ kg/m^3,绳索一端固支,并随固支点一起做匀速旋转,末端质量为 2 kg。 角速度分别取 $\omega = 5\pi$,7.5π,10π,12.5π,15π,17.5π,20π rad/s。

图 4-10 为输出的旋转柔性绳索的前六阶固有频率,随着绳索转动角速度的增加,各阶模态对应的固有频率均呈增长趋势,这充分说明了动力刚化这一现象。前三阶低阶模态与后三阶高阶模态相比,增长趋势略缓。

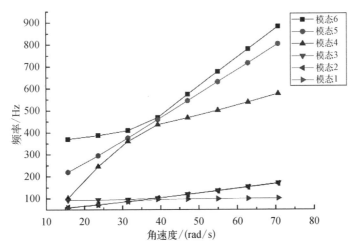

图 4 - 10 各阶固有频率与转动角速度间的关系

6. ANCF 可变柔索自旋展开特性分析

分别针对自旋速度和绳系伸出速度两个变量设计多组电帆自旋展开过程的仿真算例,如表 4 - 1 所示。在其他仿真参数相同的情况下,对比不同转速或不同绳系伸出速度情况下绳系末端两个方向的位移和速度曲线,得出自旋速度和绳系伸出速度对电帆自旋展开过程动态特性的影响。

表 4 - 1 仿真算例参数表

算例编号	转速/(rad/s)	伸出速度/(m/s)	仿真时间/s	展开长度/m
工况 1	10	0.50	5	0.5~3.0
工况 2	10	0.01	10	0.5~3.0
工况 3	10	0.05	10	0.5~3.0
工况 4	15	0.05	10	0.5~3.0

1) 自旋速度对电帆自旋展开过程的影响

针对相同伸出速度,将不同转速的工况 3 和工况 4 进行对比分析,通过末端位移曲线和末端速度曲线体现展开过程中绳系的运动特性。

从图 4 - 11 中可以看出,末端位移振幅逐渐增大,末端位移的振动频率与自旋转速成正比关系,自旋转速越高,振动频率越高。末端位移在 x 轴方向上的位移和 z 轴方向上的位移曲线趋势基本一致。

从图 4 - 12 中可以看出,不同自旋速度下,绳系末端的速度逐渐减小,呈阻尼振荡趋势,逐渐收敛到 0 m/s。速度曲线的振幅与频率同样与自旋转速成正比。在后续可控自旋展开过程中,可以通过调节自旋转速来控制绳系的振动幅值。

从图 4 - 13 中可以看出,更高的自旋转速会导致展开初期的能量损耗增加,需

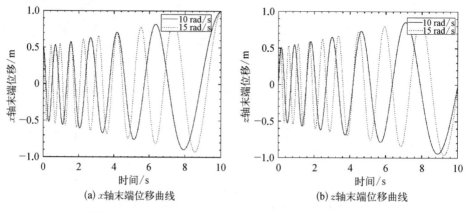

(a) x轴末端位移曲线　　　　　　　　(b) z轴末端位移曲线

图 4 - 11　相同伸出速度、不同自旋速度下末端位移曲线

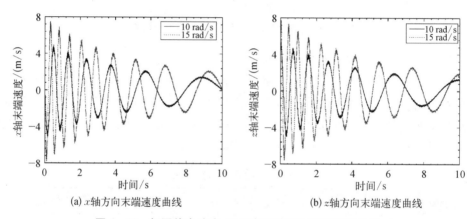

(a) x轴方向末端速度曲线　　　　　　(b) z轴方向末端速度曲线

图 4 - 12　相同伸出速度、不同自旋速度下末端速度曲线

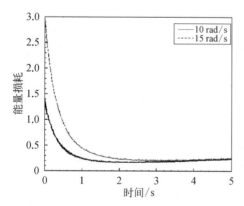

图 4 - 13　不同自旋速度能量消耗曲线

要星体提供更大的控制力矩来维持星体的自旋转速。

2）伸出速度对电帆自旋展开过程的影响

针对相同自旋速度，对比不同伸出速度下末端位移及末端速度曲线，分析伸出速度对绳系振动幅度与振动频率的影响。

由图 4 - 14 末端位移曲线可以看出，伸出速度越快，相应的末端位置位移振幅越大，振动频率越低。在低伸出速度情况下，伸出速度的增加主要影响振动的频率，对振幅影响较小，适当增加伸出速度可以有效减小振动频率，并提高展开效率。

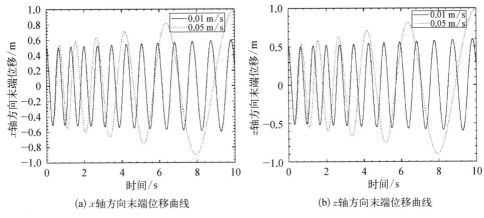

(a) x 轴方向末端位移曲线   (b) z 轴方向末端位移曲线

图 4 – 14 相同自旋速度、不同伸出速度下末端位移曲线

图 4 – 15 中,末端速度曲线同样反映出伸出速度越高,振动频率减小。在高伸出速度展开过程中,末端速度幅值更小,且更快趋近于 0 m/s,有着更好的稳定性,在稳定展开的前提下,可以适当提高伸出速度。

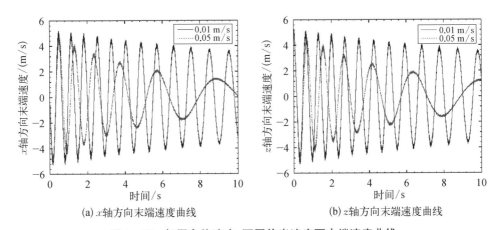

(a) x 轴方向末端速度曲线   (b) z 轴方向末端速度曲线

图 4 – 15 相同自旋速度、不同伸出速度下末端速度曲线

针对以上对比分析,选取工况 1 的高伸出速度工况,伸出速度为 0.5 m/s,分析高伸出速度情况下,自旋展开的末端运动状态,如图 4 – 16 所示。

高伸出速度情况下,绳系末端振动周期明显减小,末端速度也较快趋近于 0 m/s。在绳系没有较大变形的情况下,高的伸出速度可以得到好的自旋展开效果。

3) 自旋转速对自旋展开稳定性影响分析

不考虑绳系变形及相位滞后,将电帆展开过程简化为刚体自旋展开,则可利用能量守恒定律推导出电帆自旋转速和绳系伸出速度的对应关系。

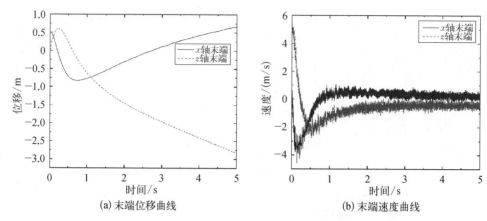

图 4-16　工况 1 末端运动状态曲线

$$T = \frac{1}{2}J_0\omega_0^2 = \frac{1}{2}J\omega^2 \qquad (4-18)$$

其中,单根绳系的转动惯量 $J = \frac{1}{2}ml^2 = \frac{1}{2}\rho A l^3$, $l = l_0 + \int v_l(t)\,\mathrm{d}t$,代入式(4-18)即可求得绳系伸出速度与自旋转速的对应关系:

$$T = \frac{1}{6}\rho A \left(l_0 + \int v_l(t)\,\mathrm{d}t \right)^3 \omega^2 \qquad (4-19)$$

伸出速度越大,电帆的自旋转速下降越明显,而转速的下降会导致绳系上的张力下降,从而绳系松弛,所以需要在星体上施加控制力矩,控制自旋转速,以保证绳系位形的张力。

4) 小结

自旋速度可以提供展开过程中的绳系张力,但高转速会导致绳系振动幅度增加,收敛速度变慢。为了维持高的自旋转速,星体需要提供更多的补偿力矩。

电帆展开过程中,绳系的伸出速度越高,绳系的振动幅度变大,而振动频率减小,在保证绳系整体变形较小的情况下,可以适当提高绳系的伸出速度。

由于系统能量守恒,绳系应变能损耗较小,自旋转速与绳系伸出速度存在近似对应关系,自旋转速提供了维持绳系位形所需的张力,在初始自旋转速确定的情况下,需施加星体控制力矩,保证一定的自旋转速。

7. ANCF 柔性线缆动力学仿真

1) 模型参数及工况设置

设置线缆等效半径为 0.01 m,线缆等效密度为 20 kg/m³,长度为 20 m,单根线缆质量为 0.03 kg,其他参数取值见表 4-5。由于柔性模型计算量较大,现阶段仅考虑中心刚体带 8 根柔性线缆,且线缆长度缩短到 20 m 的缩比模型,每根线缆由

10 个柔索单元组成。通过对缩比模型进行多工况仿真对比验证,得到柔性线缆运
动规律,对结构各部件参数设置及维持线缆构型的作用做定性分析。

表 4-2　电帆中心体+线缆模型参数

参 数 名 称	参 数 值
中心体质量/kg	100
中心体长宽高/m	1/1/1
线缆半径/m	0.01
线缆长度/m	20
线缆密度/(kg/m³)	4.774 6
单根线缆质量/kg	0.03
线缆根数	8
线缆推力/N	0.01
末端质量块质量/kg	0.3
弹性模量/Pa	1×10^{10}
泊松比	0.3

2)仿真结果分析

(1)工况一。如图 4-17 所示,中心星体转动过程中,内侧线缆带动外侧线缆
运动,产生了很大的变形,而后,由于线缆内部的张力作用,线缆逐渐恢复变形。线
缆转动过程中,其旋转角度明显滞后于中心星体。当中心星体转速加快时,线缆变
形恢复变慢,滞后效应更加明显。

(a) 中心体恒速(0.052 rad/s)　　　　　(b) 中心体恒速(0.157 rad/s)

图 4-17　无质量块、中心体恒速、无推力仿真结果

（2）工况二。如图4-18所示，中心体静止时，从靠近中心的线缆开始，线缆在推力方向逐渐下落，当下落至临界位置时，由于线缆内部张力的作用，线缆会发生回弹现象。中心体转动时，线缆下落的同时伴随着圆周运动，线缆转动的离心作用使得线缆内部张力增大，因此线缆下落的最大距离减小，同时回弹速度增大。

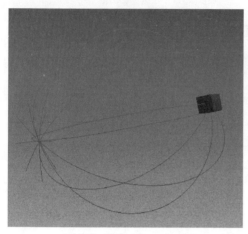

(a) 中心体恒速(0.052 rad/s)　　　　　　(b) 中心体恒速(0.157 rad/s)

图4-18　无质量块、0.001 N 推力仿真结果

（3）工况三。给定中心体一个初始转速，并与中心体恒速转动时的仿真结果进行对比，图4-19为相同时刻电帆的运动状态。相比于中心体恒速转动，给定中心体一个初始转速后，中心体及线缆的运动有着较为明显的滞后，虽然线缆的质量相对于中心体非常小，但其由于尺寸大、惯量大，会对中心体的转动产生较大影响。

(a) 中心体恒速(0.052 rad/s)　　　　　　(b) 中心体恒速(0.157 rad/s)

图4-19　无质量块、无推力仿真结果

（4）工况四。如图 4‐20 所示，当线缆末端加入质量块后，线缆的运动趋势与加入质量块前基本一致，然而由于系统惯性增大，线缆转动速度及变形恢复速度明显降低，线缆转动的滞后效应更加明显。

(a) 无质量块　　　　　　　　　　　(b) 有质量块

图 4‐20　中心体恒速(0.052 rad/s)、无推力仿真结果

（5）工况五。当线缆末端带有质量块时，给定中心体一个初始转速，并与中心体恒速转动时的仿真结果进行对比，图 4‐21 为相同时刻电帆的运动状态。由图可知，相比于中心体恒速转动，给定中心体一个初始转速后，中心体及线缆‐质量块的运动有着明显的滞后，这是由于加入末端质量块后，中心体的转动能量分配在了线缆及末端质量块上，因此系统整体的转速大大降低。

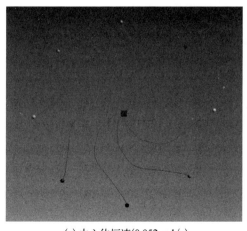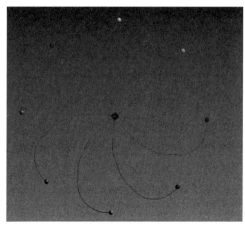

(a) 中心体恒速(0.052 rad/s)　　　　　(b) 中心体初速(0.052 rad/s)

图 4‐21　有质量块、无推力仿真结果

（6）工况六。如图 4-22 所示,当末端质量块初始转速为 0 时,由于推力的作用,且线缆张力很小,线缆在旋转面法向有较大的变形;当给末端质量块施加相对于中心体 0.052 rad/s 的初始角速度时,线缆由静止状态启动,使得线缆在转动的同时伴随着一定幅度的摆动,同时由于末端质量块的离心作用,线缆在旋转平面法向的变形减小;当末端质量块初始速度增大为 0.157 rad/s 时,由于末端质量块的离心作用,线缆的张力进一步增大,在旋转平面法向上,线缆的变形进一步减小,而线缆在旋转平面内,由于初始启动速度较大,线缆仍有较大幅度的摆动。

 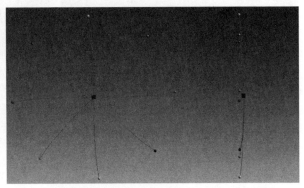

(a) 有质量块(0 rad/s)、中心体初速
(0.052 rad/s)、0.001 N推力

(b) 有质量块(0.052 rad/s)、中心体初速(0.052 rad/s)、
0.001 N推力

(c) 有质量块(0.157 rad/s)、中心体初速(0.157 rad/s)、
0.001 N推力

图 4-22　质量块不同初始速度仿真结果

（7）工况七。如图 4-23 所示,当考虑线缆弯曲刚度时,此时由中心星体驱动,线缆进行旋转运动。中心星体转动时,靠近中心星体处的线缆先开始转动,并产生了一定的弯曲变形,逐渐通过线缆的弯曲弹性力带动外侧线缆运动,从而使整个线缆绕中心转动。

由于启动过程中线缆具有了一定的弯曲应变能,当线缆弯曲变形达到临界值

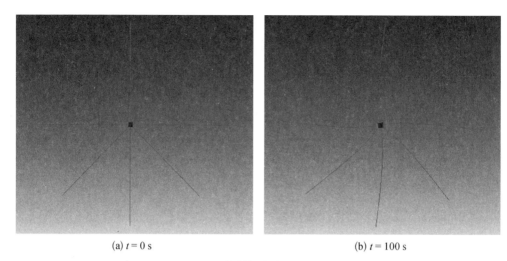

(a) $t = 0$ s　　　　　　　　　　　　(b) $t = 100$ s

图 4 - 23　无质量块、大弯曲刚度仿真结果

时,线缆会恢复变形,这时中心体继续转动,这使得线缆旋转过程中出现"停转"的现象,因此线缆在绕中心旋转的同时伴随着大范围的摆动。

3) 小结

通过仿真可以看出自旋展开在电帆上是可用的展开技术,自旋可以保持导电绳索的相对稳定,同时自旋展开的方式相对容易实现电帆的在轨展开。并且在不同末端质量,中心体不同转速和推力的情况下电帆展开的情况是不同的。因此在应用的时候,要根据不同的任务需要,合理配置电帆的各种参数。

4.1.2　电帆的姿态控制技术

电帆稳定展开后做匀速自旋运动,面型基本保持不变,每根线缆处于伸直状态且变形很小,电帆的姿态控制模型可以按刚体模型考虑,基于拉格朗日方法,建立电帆中心刚体加多根刚性线缆的多体动力学模型,在不同电帆姿态、线缆倾角及加载电势的情况下研究太阳风环境中电帆姿态的控制过程。

1) 电帆多刚体动力学建模

建立中心刚体加多根刚性线缆的电帆多刚体动力学模型,验证具有初始自旋角速度情况下推力加载的正确性,并分析推力分配力矩对姿态变化的影响,设计自旋状态下电帆姿态控制器。

(1) 坐标系定义。为建立电帆姿态动力学模型,选定以下参考坐标系。

a) 轨道坐标系 $Ox_oy_oz_o$:惯性坐标系。

b) 电帆本体坐标系 $Ox_by_bz_b$:中心刚体加线缆的簇状多刚体系统动力学坐标系的定义如图 4 - 24 所示,坐标系原点 O 定义在电帆质心位置,z_b 轴与自转轴重合,x_b、z_b、y_b 组成右手正交坐标系。

c) 附件连体坐标系 $O_i x_i y_i z_i$：电帆每条线缆作为一个附件，将线缆与中心体的连接位置作为原点 O_i，x_i 轴指向线缆末端，z_i 轴为线缆倾角转轴，y_i 轴与 z_i、x_i 轴组成右手正交坐标系。

d) 电帆中心太阳黄道坐标系（SSE）：如图 4-25 所示，坐标原点位于电帆中心，Z_{SSE} 轴指向太阳，Y_{SSE} 轴垂直于太阳黄道平面，X_{SSE} 轴与 Z_{SSE} 轴、Y_{SSE} 轴共同构成右手正交坐标系。

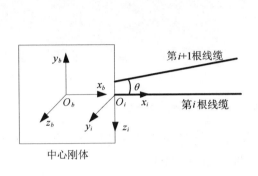

图 4-24　电帆中心刚体加线缆
系统坐标系定义

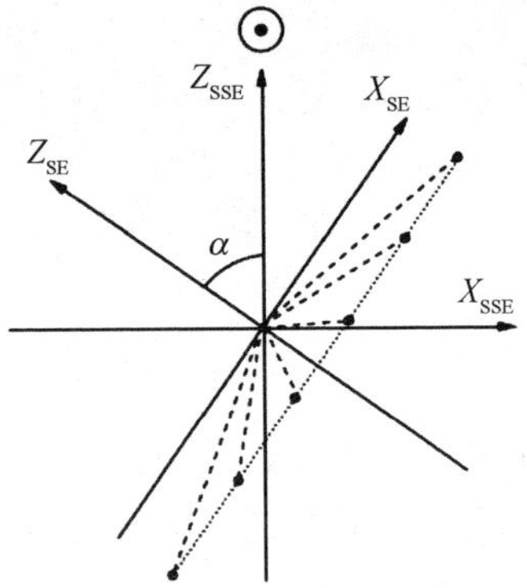

图 4-25　电帆中心太阳黄道坐标系

e) 电帆黄道坐标系（SE）：坐标原点位于电帆中心，由 SSE 坐标系绕 y 轴转动帆角 α 构成。如图 4-26 所示，SE 坐标系下，锥角 θ 定义为

$$\theta = \Lambda + \pi/2 \tag{4-20}$$

电帆期望姿态角对应 $\dot{\theta} = 0$ 的解。SE 坐标系为非惯性坐标系，科式惯性力为

$$\boldsymbol{F}_c = -2m\boldsymbol{\Omega} \times \boldsymbol{v} \tag{4-21}$$

除此以外，还需考虑离心力 $\boldsymbol{F}_{cp} = -m\boldsymbol{\Omega} \times (\boldsymbol{\Omega} \times r)$ 和欧拉效应 $\boldsymbol{F}_E = -m\dot{\boldsymbol{\Omega}} \times r$。

（2）位置描述。如图 4-27 所示，设线缆 i 上任意一点 p 的位置矢量 r_{pi} 可表示为

$$\boldsymbol{r}_{pi} = \boldsymbol{p}_i + \boldsymbol{A}_i \boldsymbol{u}'_i \tag{4-22}$$

式中，$\boldsymbol{p}_i$ 为线缆与中心体连接点 i 的位置矢量，表示连体坐标系 $O_i x_i y_i z_i$ 的原点位置；$\boldsymbol{A}_i$ 为连体坐标系 $O_i x_i y_i z_i$ 的旋转变换矩阵，若 $\boldsymbol{A}_0$ 为电帆本体坐标系 $O_b x_b y_b z_b$ 到惯性系的旋转变换矩阵，$^0\boldsymbol{A}_i$ 为连体坐标系 $O_i x_i y_i z_i$ 到电帆本体坐标系 $O_b x_b y_b z_b$ 的旋转变换矩阵，则 $\boldsymbol{A}_i = \boldsymbol{A}_0 {}^0\boldsymbol{A}_i$；$\boldsymbol{u}'_i$ 为点 P 在连体坐标系下的位置矢量。

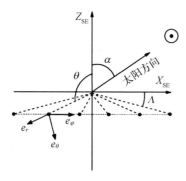
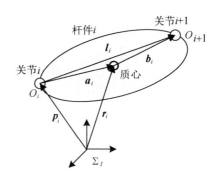

图 4-26　电帆黄道坐标系　　　　图 4-27　线缆参数

位置矢量 $\boldsymbol{p}_i$ 为

$$\boldsymbol{p}_i = \boldsymbol{r}_0 + \boldsymbol{c}_{0i} \qquad (4-23)$$

式中，$\boldsymbol{r}_0$ 为中心体质心在惯性系下的位置矢量；$\boldsymbol{c}_{0i}$ 为由中心体质心指向连接点 i 的矢量。

点 P 的速度矢量为

$$\dot{\boldsymbol{r}}_{pi} = \dot{\boldsymbol{p}}_i + \dot{\boldsymbol{A}}_i \boldsymbol{u}_i' + \boldsymbol{A}_i \dot{\boldsymbol{u}}_i' = \dot{\boldsymbol{r}}_0 + \boldsymbol{\omega}_0 \times \boldsymbol{c}_{0i} + \boldsymbol{\omega}_i \times \boldsymbol{A}_i \boldsymbol{u}_i' \qquad (4-24)$$

式中，$\boldsymbol{\omega}_0$ 为中心体的角速度；$\boldsymbol{\omega}_i = \boldsymbol{\omega}_0 + \dot{\theta}_i \boldsymbol{k}_i$ 为线缆 i 的角速度；$\boldsymbol{\omega}_0 = \boldsymbol{G}\dot{\boldsymbol{\Omega}}$，$\dot{\boldsymbol{\Omega}} = [\dot{\alpha} \quad \dot{\beta} \quad \dot{\gamma}]^{\mathrm{T}}$。中心体角速度 $\boldsymbol{\omega}_0$ 的分量形式为

$$\begin{aligned}
\boldsymbol{\omega}_0 &= \begin{bmatrix} \omega_x \\ \omega_y \\ \omega_z \end{bmatrix} = \begin{bmatrix} \dot{\alpha} \\ 0 \\ 0 \end{bmatrix} + \boldsymbol{R}_x(\alpha) \begin{bmatrix} 0 \\ \dot{\beta} \\ 0 \end{bmatrix} + \boldsymbol{R}_x(\alpha) \boldsymbol{R}_y(\beta) \begin{bmatrix} 0 \\ 0 \\ \dot{\gamma} \end{bmatrix} \\
&= \begin{bmatrix} 1 & 0 & \sin\beta \\ 0 & \cos\alpha & -\sin\alpha\cos\beta \\ 0 & \sin\alpha & \cos\alpha\cos\beta \end{bmatrix} \begin{bmatrix} \dot{\alpha} \\ \dot{\beta} \\ \dot{\gamma} \end{bmatrix}
\end{aligned} \qquad (4-25)$$

记 $\boldsymbol{G}$ 为

$$\boldsymbol{G} = \begin{bmatrix} 1 & 0 & \sin\beta_0 \\ 0 & \cos\alpha_0 & -\sin\alpha_0\cos\beta_0 \\ 0 & \sin\alpha_0 & \cos\alpha_0\cos\beta_0 \end{bmatrix} \qquad (4-26)$$

连接点 i 的方向单位向量为 $\boldsymbol{k}_i$，$^i\boldsymbol{k}_i = [0 \quad 0 \quad 1]$，旋转角为 θ_i。选取 $\boldsymbol{x}_b = \begin{bmatrix} \boldsymbol{r}_0^{\mathrm{T}} & \boldsymbol{\Omega}^{\mathrm{T}} \end{bmatrix}^{\mathrm{T}} = \begin{bmatrix} x_0 & y_0 & z_0 & \alpha_0 & \beta_0 & \gamma_0 \end{bmatrix}^{\mathrm{T}} \in \boldsymbol{R}^6$ 为中心体位置、方向，惯性系按 $x(\alpha_i)-y(\beta_i)-z(\gamma_i)$ 的顺序转换至电帆本体坐标系。

以线缆连接点转角 $\boldsymbol{\theta} = \begin{bmatrix} \theta_1 & \theta_2 & \cdots & \theta_n \end{bmatrix} \in \boldsymbol{R}^n$ 为广义坐标，n 为线缆根数，式 (4-24) 中速度矢量变为

$$\dot{\boldsymbol{r}}_{pi} = \begin{bmatrix} \boldsymbol{E}_3 & \tilde{\boldsymbol{r}}_{0pi}^{\mathrm{T}} \boldsymbol{G} & \boldsymbol{J}_{\theta i} \end{bmatrix} \begin{bmatrix} \boldsymbol{v}_0^{\mathrm{T}} & \dot{\boldsymbol{\Omega}}^{\mathrm{T}} & \dot{\boldsymbol{\theta}}_i^{\mathrm{T}} \end{bmatrix}^{\mathrm{T}} \tag{4-27}$$

式中，$\boldsymbol{r}_{0pi}$，$\boldsymbol{J}_{\theta i}$ 分别为

$$\begin{cases} \boldsymbol{r}_{0pi} = \boldsymbol{r}_{pi} - \boldsymbol{r}_0 = \boldsymbol{c}_{0i} + \boldsymbol{A}_i \boldsymbol{u}_i' \\ \boldsymbol{J}_{\theta i} = \boldsymbol{k}_i \times (\boldsymbol{r}_{pi} - \boldsymbol{p}_i) = \boldsymbol{k}_i \times \boldsymbol{A}_i \boldsymbol{u}_i' \end{cases} \tag{4-28}$$

刚体模型中，$\boldsymbol{c}_{0i}$ 和 $\boldsymbol{u}_i'$ 在线缆各自的本体坐标系中均为固定值。

（3）广义质量矩阵。电帆线缆 i 的动能为

$$T_i = \frac{1}{2} \int_V \rho \dot{\boldsymbol{r}}_{pi}^{\mathrm{T}} \dot{\boldsymbol{r}}_{pi} \mathrm{d}V \tag{4-29}$$

式中，ρ 和 V 分别为质量密度和线缆体积，将式 (4-24) 中的速度矢量 $\dot{\boldsymbol{r}}_{pi}$ 代入式 (4-29) 得到以广义速度表示的动能为

$$T_i = \frac{1}{2} \dot{\boldsymbol{q}}_i^{\mathrm{T}} \boldsymbol{H}_i \dot{\boldsymbol{q}}_i \tag{4-30}$$

由此，电帆系统广义坐标为

$$\boldsymbol{q} = \begin{bmatrix} \boldsymbol{x}_b^{\mathrm{T}} & \boldsymbol{\theta}^{\mathrm{T}} \end{bmatrix}^{\mathrm{T}} \tag{4-31}$$

以广义坐标表示的线缆 i 上任意一点 p 的速度矢量为

$$\dot{\boldsymbol{r}}_{pi} = \begin{bmatrix} \boldsymbol{J}_{bi} & \boldsymbol{J}_{\theta i} \end{bmatrix} \begin{bmatrix} \dot{\boldsymbol{x}}_b \\ \dot{\boldsymbol{\theta}}_i \end{bmatrix} = \begin{bmatrix} \boldsymbol{J}_{bi} & \boldsymbol{J}_{\theta i} \boldsymbol{L}_{\theta i} \end{bmatrix} \begin{bmatrix} \dot{\boldsymbol{x}}_b \\ \dot{\boldsymbol{\theta}}_i \end{bmatrix} \tag{4-32}$$

式中，$\boldsymbol{J}_{bi} = \begin{bmatrix} \boldsymbol{E}_3 & \tilde{\boldsymbol{r}}_{0pi}^{\mathrm{T}} \boldsymbol{G} \end{bmatrix}$，$\boldsymbol{r}_{0pi} = \boldsymbol{c}_{0i} + \boldsymbol{A}_i \boldsymbol{u}_i'$，$\boldsymbol{J}_{\theta i} = \boldsymbol{k}_i \times \boldsymbol{A}_i \boldsymbol{u}_i'$，$\boldsymbol{L}_{\theta i}$ 为

$$\boldsymbol{L}_{\theta i} \in \boldsymbol{R}^{1 \times n} = [\underbrace{0 \cdots 0}_{i-1} \ 1 \ \underbrace{0 \cdots 0}_{n-i}] \tag{4-33}$$

式中，$\boldsymbol{H}_i$ 为线缆 i 的质量矩阵，其分块形式为

$$\boldsymbol{H}_i = \int_{V_i} \rho_i \begin{bmatrix} \boldsymbol{J}_{bi}^{\mathrm{T}} \\ \boldsymbol{L}_{\theta i}^{\mathrm{T}} \boldsymbol{J}_{\theta i}^{\mathrm{T}} \end{bmatrix} \begin{bmatrix} \boldsymbol{J}_{bi} & \boldsymbol{J}_{\theta i} \boldsymbol{L}_{\theta i} \end{bmatrix} \mathrm{d}V_i$$

$$\tag{4-34}$$

$$= \int_{V_i} \rho_i \begin{bmatrix} \boldsymbol{J}_{bi}^{\mathrm{T}} \boldsymbol{J}_{bi} & \boldsymbol{J}_{bi}^{\mathrm{T}} \boldsymbol{J}_{\theta i} \boldsymbol{L}_{\theta i} \\ \boldsymbol{L}_{\theta i}^{\mathrm{T}} \boldsymbol{J}_{\theta i}^{\mathrm{T}} \boldsymbol{J}_{bi} & \boldsymbol{L}_{\theta i}^{\mathrm{T}} \boldsymbol{J}_{\theta i}^{\mathrm{T}} \boldsymbol{J}_{\theta i} \boldsymbol{L}_{\theta i} \end{bmatrix} \mathrm{d}V_i$$

质量矩阵又分为以下四部分：

$$\boldsymbol{H}_{bi} = \int_{V_i} \rho_i \boldsymbol{J}_{bi}^{\mathrm{T}} \boldsymbol{J}_{bi} \mathrm{d}V_i = \int_{V_i} \rho_i \begin{bmatrix} \boldsymbol{E}_3 & \tilde{\boldsymbol{r}}_{0pi}^{\mathrm{T}} \boldsymbol{G} \\ \boldsymbol{G}^{\mathrm{T}} \tilde{\boldsymbol{r}}_{0pi} & \boldsymbol{G}^{\mathrm{T}} \tilde{\boldsymbol{r}}_{0pi}^{\mathrm{T}} \tilde{\boldsymbol{r}}_{0pi} \boldsymbol{G} \end{bmatrix} \mathrm{d}V_i = \begin{bmatrix} \boldsymbol{H}_{vi} & \boldsymbol{H}_{v\omega i} \\ \boldsymbol{H}_{v\omega i}^{\mathrm{T}} & \boldsymbol{H}_{\omega i} \end{bmatrix}$$

$$\boldsymbol{H}_{b\theta i} = \int_{V_i} \rho_i \boldsymbol{J}_{bi}^{\mathrm{T}} \boldsymbol{J}_{\theta i} \boldsymbol{L}_{\theta i} \mathrm{d}V_i = \int_{V_i} \rho_i \begin{bmatrix} \boldsymbol{J}_{\theta i} \boldsymbol{L}_{\theta i} \\ \boldsymbol{G}^{\mathrm{T}} \tilde{\boldsymbol{r}}_{0pi} \boldsymbol{J}_{\theta i} \boldsymbol{L}_{\theta i} \end{bmatrix} \mathrm{d}V_i = \begin{bmatrix} \boldsymbol{H}_{v\theta i} \\ \boldsymbol{H}_{\omega\theta i} \end{bmatrix}$$

$$\boldsymbol{H}_{\theta i} = \int_{V_i} \rho_i \boldsymbol{L}_{\theta i}^{\mathrm{T}} \boldsymbol{J}_{\theta i}^{\mathrm{T}} \boldsymbol{J}_{\theta i} \boldsymbol{L}_{\theta i} \mathrm{d}V_i$$

$$(4-35)$$

将质量矩阵 $\boldsymbol{H}_i$ 进一步分为以下子块：

$$\boldsymbol{H}_i = \begin{bmatrix} \boldsymbol{H}_{vi} & \boldsymbol{H}_{v\omega i} & \boldsymbol{H}_{v\theta i} \\ \boldsymbol{H}_{v\omega i}^{\mathrm{T}} & \boldsymbol{H}_{\omega i} & \boldsymbol{H}_{\omega\theta i} \\ \boldsymbol{H}_{v\theta i}^{\mathrm{T}} & \boldsymbol{H}_{\omega\theta i}^{\mathrm{T}} & \boldsymbol{H}_{\theta i} \end{bmatrix} \qquad (4-36)$$

式中，各质量矩阵的具体表达形式如下。

a) $\boldsymbol{H}_{vi} = \int_{V_i} \rho_i \boldsymbol{E}_3 \mathrm{d}V_i = m_i \boldsymbol{E}_3$，$m_i$ 为线缆 i 的质量。

b) $\boldsymbol{H}_{v\omega i} = \int_{V_i} \rho_i \tilde{\boldsymbol{r}}_{0pi}^{\mathrm{T}} \boldsymbol{G} \mathrm{d}V_i = -\tilde{\boldsymbol{B}}_i \boldsymbol{G}$，$\tilde{\boldsymbol{B}}_i = \int_{V_i} \rho_i \tilde{\boldsymbol{r}}_{0pi} \mathrm{d}V_i$，$\boldsymbol{B}_i = \int_{V_i} \rho_i \boldsymbol{r}_{0pi} \mathrm{d}V_i$

$\boldsymbol{r}_{0pi} = \boldsymbol{c}_{0i} + \boldsymbol{A}_i \boldsymbol{u}'_i$，由于 $\boldsymbol{A}_i$，$\boldsymbol{c}_{0i}$，$\boldsymbol{G}$ 与体积分无关，因此 $\boldsymbol{B}_i = m_i \boldsymbol{c}_{0i} + \boldsymbol{A}_i \boldsymbol{S}_{ti}$，其中 $\boldsymbol{S}_{ti} = \int_{V_i} \rho_i \boldsymbol{u}'_i \mathrm{d}V_i$ 表示质量对坐标轴的一次矩，不考虑变形的情况下有

$$\boldsymbol{S}_{ti} = \int_{V_i} \rho_i \boldsymbol{u}'_i \mathrm{d}V_i = m_i \boldsymbol{a}_i \qquad (4-37)$$

式中，$\boldsymbol{a}_i$ 为线缆 i 质心相对于连体坐标系 $O_i x_i y_i z_i$ 的矢量，即 $\boldsymbol{A}_i \boldsymbol{a}_i = \boldsymbol{r}_i - \boldsymbol{p}_i$，$\boldsymbol{B}_i = m_i(\boldsymbol{c}_{0i} + \boldsymbol{A}_i \boldsymbol{a}_i) = m_i(\boldsymbol{r}_i - \boldsymbol{r}_0)$，$\boldsymbol{r}_i$ 为线缆 i 质心位置矢量，由此可得

$$\boldsymbol{H}_{v\omega i} = m_i \tilde{\boldsymbol{r}}_{0i}^{\mathrm{T}} \boldsymbol{G}, \quad \boldsymbol{r}_{0i} = \boldsymbol{r}_i - \boldsymbol{r}_0 \qquad (4-38)$$

c) $\boldsymbol{H}_{v\theta i} = \int_{V_i} \rho_i \boldsymbol{J}_{\theta i} \boldsymbol{L}_{\theta i} \mathrm{d}V_i = \tilde{\boldsymbol{k}}_i \boldsymbol{A}_i \left(\int_{V_i} \rho_i \boldsymbol{u}'_i \mathrm{d}V_i \right) \boldsymbol{L}_{\theta i} = \tilde{\boldsymbol{k}}_i \boldsymbol{A}_i \boldsymbol{S}_{ti} \boldsymbol{L}_{\theta i}$，无变形时，存在

$$\boldsymbol{H}_{v\theta i} = \tilde{\boldsymbol{k}}_i \boldsymbol{A}_i \boldsymbol{S}_{ti} \boldsymbol{L}_{\theta i} = m_i \tilde{\boldsymbol{k}}_i (\boldsymbol{r}_i - \boldsymbol{p}_i) \boldsymbol{L}_{\theta i} \qquad (4-39)$$

即 $\boldsymbol{H}_{v\theta i} = m_i \boldsymbol{J}_{Ti}$。

$$J_{Ti} = \tilde{k}_i(r_i - p_i)L_{\theta i} = [\underbrace{0 \cdots 0}_{i-1} \quad k_i \times (r_i - p_i) \quad \underbrace{0 \cdots 0}_{n-i}] \quad (4-40)$$

d) $H_\omega = \int_{V_i} \rho_i \, G^T \, \tilde{r}_{0p}^T \, \tilde{r}_{0p} G \mathrm{d}V_i \circ$

e) $H_{\omega\theta} = m_i \, G^T \, \tilde{r}_{0i} \, J_{Ti} + G^T \, A_i \, I_i \, A_i^T \, J_{Ri} \circ$

f) $H_\theta = J_{Ri}^T \, A_i \, I_i \, A_i^T \, J_{Ri} + m_i \, J_{Ti}^T \, J_{Ti} \circ$

（4）控制设计模型。采用第二类 Lagrange 方程对多刚体进行动力学建模,公式如下:

$$\frac{\mathrm{d}}{\mathrm{d}t}\left(\frac{\partial L}{\partial \dot{\boldsymbol{q}}}\right) - \frac{\partial L}{\partial \boldsymbol{q}} = \boldsymbol{Q} \quad (4-41)$$

式中,$\boldsymbol{Q}$ 为作用在关节和基体空间上的力/力矩,且有

$$\boldsymbol{Q} = \begin{bmatrix} \boldsymbol{F}_b \\ \boldsymbol{\tau}_m \end{bmatrix} + \begin{bmatrix} \boldsymbol{J}_b^T \\ \boldsymbol{J}_m^T \end{bmatrix} \boldsymbol{F}_h \quad (4-42)$$

因此,分块矩阵动力学方程组为

$$\begin{bmatrix} \boldsymbol{H}_b & \boldsymbol{H}_{bm} \\ \boldsymbol{H}_{bm}^T & \boldsymbol{H}_m \end{bmatrix} \begin{bmatrix} \ddot{\boldsymbol{x}}_b \\ \ddot{\boldsymbol{\theta}} \end{bmatrix} + \begin{bmatrix} \boldsymbol{c}_b \\ \boldsymbol{c}_m \end{bmatrix} = \begin{bmatrix} \boldsymbol{F}_b \\ \boldsymbol{\tau}_m \end{bmatrix} + \begin{bmatrix} \boldsymbol{J}_b^T \\ \boldsymbol{J}_m^T \end{bmatrix} \boldsymbol{F}_h \quad (4-43)$$

式中,$\boldsymbol{H}_b$ 为基体惯量矩阵;$\boldsymbol{H}_{bm}$ 为基体与机械臂耦合惯量矩阵;$\boldsymbol{H}_m$ 为机械臂惯量矩阵;$\boldsymbol{J}_b^T$、$\boldsymbol{J}_m^T$ 为雅克比矩阵;$\boldsymbol{c}_b = \begin{bmatrix} \boldsymbol{c}_v^T & \boldsymbol{c}_\omega^T \end{bmatrix}^T$ 和 $\boldsymbol{c}_m$ 分别为基体和线缆依赖速度的非线性项。

2）电帆推力模型

太阳风环境参数主要考虑太阳风速度、太阳风电子密度、太阳风电子温度和太阳风矢量方向,而太阳风环境参数的大小与在空间中的位置和当前时刻相关。

现有推力模型主要是基于给定空间位置的常值速度、电子密度、电子温度和太阳风矢量方向来得到定值推力,后续优化模型可由测量传感器测得,并考虑太阳风环境瞬态变化对电动帆线缆控制力的影响。

（1）基础推力模型。太阳风垂直吹向长直带电线缆,等离子体粒子只来源于太阳风,则真空中带电线缆的电势为

$$V(r) = V_0 \frac{\ln(r_0/r)}{\ln(r_0/r_w)} \quad (4-44)$$

式中，r_0 为电势是零的位置，即 $V(r_0) = 0$；r_w 为线缆的半径；V_0 为电线的电势。等离子体电子屏蔽电势导致电势消失得比远距离真空状态下更快，则屏蔽电势与以下自洽等离子体模拟结果近似：

$$V(r) = V_0 \frac{\ln[1 + (r_0/r)^2]}{\ln[1 + (r_0/r_w)^2]} \tag{4-45}$$

r_0 通过式（4-46）计算得到：

$$r_0 = 2\lambda_{De} = 2\sqrt{\frac{\varepsilon_0 T_e}{n_0 e^2}} \tag{4-46}$$

其中，λ_{De} 是电子德拜长度；T_e 是太阳风电子温度（在 1 AU 处平均值为 $T_e = 12$ eV）；n_0 是无扰动太阳风电子密度（在 1 AU 处平均值为 $n_0 = 7.3$ cm^{-3}）；e 为元电荷，电量为 $1.602\,176 \times 10^{-19}$ C；ε_0 为真空介电常数，$8.854\,187 \times 10^{-12}$ F/m。

由于 $r_w \ll r_0$，根据式（4-45），电线的电势变为

$$V(r) = \frac{V_0}{2} \frac{\ln[1 + (r_0/r)^2]}{\ln(r_0/r_w)} \tag{4-47}$$

根据高斯定律，由式（4-45）得到电子密度：

$$n_e = n_0 + \frac{\varepsilon_0}{e} \frac{1}{r} \frac{\mathrm{d}}{\mathrm{d}r}[rV'(r)] = n_0 \left[1 + \frac{eV_0}{2T_e} \frac{1}{(1 + (r/r_0)^2)^2 \ln(r_0/r_w)} \right] \tag{4-48}$$

当 $r \ll r_0$ 时，电子密度 n_e 为常值，比未受扰太阳风电子密度 n_0 高 40~60 倍，当 $r \gg r_0$ 时，与 n_0 的差别以 $1/r^4$ 趋近于零。

作用在电线单位长度上的力是太阳风动压（$P_{dyn} = m_p n_0 v^2$）乘以电势结构的有效宽度；m_p 为质子质量，$1.672\,621 \times 10^{-27}$ kg。有效宽度与质子制动距离 r_s 成正比：

$$eV(r_s) = (1/2) m_p v^2 \tag{4-49}$$

于是有

$$\frac{\mathrm{d}F}{\mathrm{d}z} = K m_p n_0 v^2 r_s, \quad K \approx 3.09 \tag{4-50}$$

K 的给定数值取决于试验粒子质子蒙特卡罗模拟和电势公式（4-45），由式

(4-49)解得制动距离为

$$r_s = \frac{r_0}{\sqrt{\exp\left[\dfrac{m_p v^2}{e V_0}\ln(r_0/r_w)\right] - 1}} \tag{4-51}$$

因此,单位长度上作用的推力为

$$\frac{\mathrm{d}F}{\mathrm{d}z} = \frac{K m_p n_0 v^2 r_0}{\sqrt{\exp\left[\dfrac{m_p v^2}{e V_0}\ln(r_0/r_w)\right] - 1}} \tag{4-52}$$

动平衡状态下,电子受限于线缆电势结构且不与线缆相撞,只与来自线缆周围太阳风等离子体的电子对电子电流有贡献。忽略太阳风质子流对电势结构的影响,则根据 OML 理论及朗缪尔探测理论,圆柱线缆单位长度电流为

$$\frac{\mathrm{d}I}{\mathrm{d}z} = e n_0 \sqrt{\frac{2 e V_0}{m_e}} 2 r_w \tag{4-53}$$

其中,m_e 为电子质量,$m_e = 9.109382 \times 10^{-31}$ kg。由于 $e V_0 \gg T_e$,电流不依赖于电子热速度和整体速度,它们比 $\sqrt{e V_0/m_e}$ 小得多。

由式(4-52)得长度 L、电势 V 的带电线缆的单位长度推力为

$$\sigma_F = \frac{6.18 m_p v_{sw}^2 \sqrt{n \varepsilon_0 T_e}}{e \sqrt{\exp\left[\dfrac{m_p v_{sw}^2}{e V}\ln\left(\dfrac{2}{r_w}\sqrt{\dfrac{\varepsilon_0 T_e}{n e^2}}\right)\right] - 1}} \tag{4-54}$$

太阳风速度 v_{sw} 实际上与距离 r 相关,将太阳风速度近似简化为常值后,可得 $v_{sw} \cong 400\ \mathrm{km/s}$。电子密度 n 和太阳风电子温度 T_e 同样依赖于航天器与太阳的距离 r:

$$\begin{cases} n = n_\oplus \left(\dfrac{r_\oplus}{r}\right)^2 \\[3mm] T_e = T_{e_\oplus} \left(\dfrac{r_\oplus}{r}\right)^{1/3} \end{cases} \tag{4-55}$$

其中,在 $r_\oplus = 1$ AU 处的电子密度为 $n_\oplus = 7.3 \times 10^6\ \mathrm{m}^{-3}$,在 1 AU 处平均值为 $T_{e_\oplus} =$

12 eV。由此可知,σ_F 是与太阳的距离 r 和设计参数 V 及 r_w 的函数。忽略距离 r 对推力的影响,可得近似推力:

$$\sigma_F \cong \tilde{\sigma}_F \triangleq \sigma_{F_\oplus} \left(\frac{r_\oplus}{r} \right)^{7/6} \qquad (4-56)$$

（2）改进推力模型。影响推力模型的空间环境参数很多,为了便于在控制过程中获取推力,需要对太阳风产生的推力进行简化。其中,太阳风速度、太阳风电子密度、太阳风电子温度和太阳风矢量方向在测量时均会产生较大误差。另外,根据太阳距离近似得到的推力模型在偏离 1 AU 时,误差增大较明显。因此,现阶段仅考虑 1 AU 距离的仿真模拟,采用简化模型,可通过地面测量数据直接求取单位长度线缆推力,且减少了太阳风电子温度参数,提高了模型的准确性。

推力与电压之间的简化关系如下:

$$\frac{\mathrm{d}F_t}{\mathrm{d}s} \approx 0.18\max(0,\ V - V_w)\ \sqrt{\varepsilon_0 P_{\mathrm{dyn}}} \qquad (4-57)$$

其中,V 是线缆电压；V_w 是符合太阳风离子动能的电势（$m_p u^2 / 2\mathrm{e}$）；太阳风动压 $P_{\mathrm{dyn}} = m_p n_w u^2$；$n_w$ 和 u 分别为太阳风电子密度和太阳风速度。太阳风施加于线缆上的力垂直于线缆,取决于线缆转动相位,如图 4-28 所示。

线缆推力矢量为

$$\frac{\mathrm{d}\boldsymbol{F}_t}{\mathrm{d}s} = \xi \boldsymbol{u}_\perp \qquad (4-58)$$

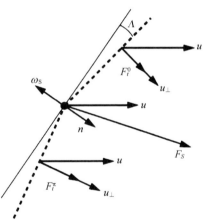

图 4-28　太阳风作用于两根线缆上力侧视图

式中,$\xi = 0.18\max(0,\ V - V_w)\ \sqrt{\varepsilon_0 m_p n_w}$,$\xi$ 为近似值。

电动帆总推力是所有线缆推力的总和,总推力方向近似等于太阳风方向与帆面法向的角分线方向,这是电动帆与太阳帆间的主要不同之处,因为太阳帆推力垂直于帆面。

3）姿态调整控制策略

（1）控制机理。电帆柔索的帆面为线缆自旋后形成的一虚拟面,若要使柔索的自旋平面沿某一空间轴转动角度 θ,到达目标平面 $\hat{X}\hat{Y}$,如图 4-29 所示,则可通过在线缆上通电压对线缆作用一推力进而产生控制力矩来实现。

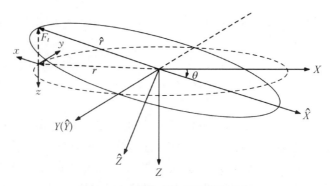

图 4-29　柔索自旋平面控制目标

线缆在受到推力作用后,其本身的自旋运动使其时刻对应一个空间自旋平面,该平面的自旋轴矢量会在目标平面 $\hat{X}\hat{Y}$ 上投影得到 Z_{act} ,以及平面内与目标自旋轴 $\hat{Z}$ 、投影 Z_{act} 正交的 $Z_{act\perp}$,见图 4-30。为使 Z_{act} 最终在 $\hat{X}\hat{Y}$ 内缩小为一个点,控制目标转换为消除 Z_{act} 沿 $\hat{X}$ 、$\hat{Y}$ 轴的分量。为使推力的效能最高,推力区域控制在 $-Z_{act}$ 与 $-Z_{act\perp}$ 轴附近的一个较小区间内。

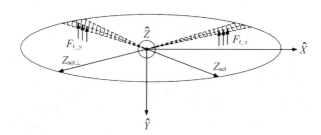

图 4-30　目标平面内的动态旋转轴投影

首先根据控制率计算出所需的控制力矩。电帆基体姿态的控制采用偏差四元数 PID 控制。设空间基体的当前姿态四元数为 $\boldsymbol{q}_0 = \begin{bmatrix} ^0q_0 & ^0q_1 & ^0q_2 & ^0q_3 \end{bmatrix}^{\mathrm{T}}$,目标姿态四元数为 $\boldsymbol{q}_c = \begin{bmatrix} ^cq_0 & ^cq_1 & ^cq_2 & ^cq_3 \end{bmatrix}^{\mathrm{T}}$,误差姿态四元数为 $\boldsymbol{q}_e = \begin{bmatrix} ^eq_0 & ^eq_1 & ^eq_2 & ^eq_3 \end{bmatrix}^{\mathrm{T}}$,则

$$\boldsymbol{q}_e = \boldsymbol{q}_c \times \bar{\boldsymbol{q}}_0 \qquad (4-59)$$

其中,$\bar{\boldsymbol{q}}_0$ 是 $\boldsymbol{q}_0$ 的共轭四元数,且

$$\bar{\boldsymbol{q}}_0 = \begin{bmatrix} ^0q_0 & -^0q_1 & -^0q_2 & -^0q_3 \end{bmatrix}^{\mathrm{T}} \qquad (4-60)$$

取控制律为比例微分控制。则控制力矩为

$$T_c = -K_p \underline{q}_e - K_d \omega_e \qquad (4-61)$$

式中，K_p，K_d 分别为基体姿态控制的比例和微分系数阵；ω_e 为基体的误差角速度；$\underline{q}_e = \begin{bmatrix} {}^e q_1 & {}^e q_2 & {}^e q_3 \end{bmatrix}^{\mathrm{T}}$。

根据控制力矩与单位推力所产生的力矩在主控制方向上的比值可计算得到线缆上应分配的电压值 $V_{r_i}^c$，当线缆运动至控制区域时，给线缆通电压，其他情况下则不施加推力。

（2）姿态控制仿真分析。建立绳索梁模型。几何材料参数取值为：长度 $l = 1\ \mathrm{m}$，直径 $d = 0.01\ \mathrm{m}$，弹性模量 $E = 2 \times 10^{11}\ \mathrm{Pa}$，密度 $\rho = 10\ 200\ \mathrm{kg/m^3}$，泊松比 $v = 0.29$。相差 $\pi/2$ 的 4 根柔索分别通过球铰链与中心轮毂相连。设定初始角速度为 $\omega_2 = 2\ \mathrm{rad/s}$，目标平面由初始自旋平面沿 Y 轴顺时针旋转 $10°$ 得到。

仿真时长 $100\ \mathrm{s}$，输出线缆瞬时平面法向量 Z_{act} 沿参考系下三轴的分量，衡量线缆在姿态控制推力作用下的运动状态。输出控制电压如图 4-31 所示。

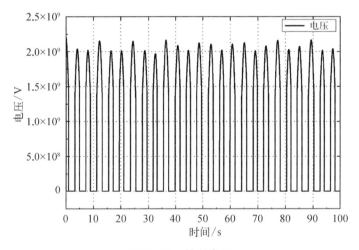

图 4-31 控制电压

根据控制率设定，线缆运动过程中根据线缆的运动位置及瞬时法平面向量 Z_{act}，得到如图 4-31 所示的电压通断区域分布。这一作用下将 Z_{act} 各个轴的仿真数值结果与目标值进行对比，见图 4-32，可知线缆的自旋转动平面在目标平面附近摆动。

输出线缆在瞬时自旋平面内的转动角速度，见图 4-33，在变化的推力作用下，线缆转动角速度偏移理想值最大约 $0.1\ \mathrm{rad/s}$。

4）转速调整控制策略设计

电帆在轨运行过程中，由于受到环境力干扰或微流星撞击，难以保持帆面形

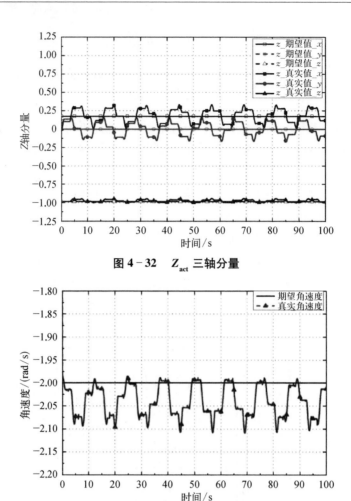

图 4-32 Z_{act} 三轴分量

图 4-33 线缆角速度在自旋平面分量

状,此时线缆无法维持在目标角速度进行自旋运动。作为一个大跨度、大柔性多体动力系统,可通过在星上中心线轮处施加控制力矩进行加、减速度调控,使电帆柔索的旋转角速度保持在目标 ω_d 附近,即达到动平衡状态,如图 4-34 所示。

图 4-34 电帆自旋动平衡态

(1)控制机理。动平衡状态下,中心轮毂与柔索之间的相互作用力仅存在轴向分量 F_t ,方向指向旋转中心。

当中心轮毂与柔索之间存在相位差时,如图 4-35 所示,连接点处的作用力产生垂直于柔索轴向的径向分量 F_n，当不进行控制时，F_n 对柔索产生一个增加相位差的转动力矩 T_2。

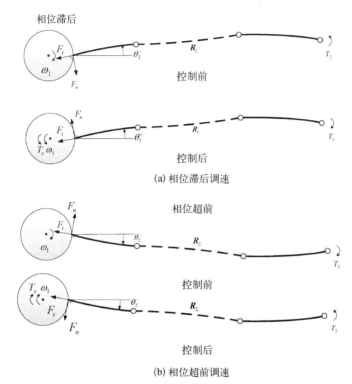

图 4 – 35　相位差与柔索作用力/力矩关系

另外，施加控制力矩 T_c 的目的在于使柔索的转动角速度 ω_2 达到目标角速度 ω_d，因此当 $\omega_2 \leqslant \omega_d$ 时，控制力矩 T_c 应当控制线轮反向转动，使之给柔索施加一个增加转速的力矩。

临界角度为反向力矩施加的判定界限，当相位差超过临界角度时，反向力矩的加速效果不甚理想，需改变控制力矩方向。

动平衡状态下，由于绳内张力的作用，可将柔索等效为一刚性杆，如图 4 – 36 所示，进行受控状态下的力学分析，作用于柔索球铰端的径向力 F_n 等效至柔索上其他任意一点处为一作用力 F_l 及作用力矩 T_l，两者分别产生绕轮毂转动中心的角加速度 $\dot{\omega}_f$，$\dot{\omega}_t$：

$$
\begin{aligned}
F_l &= F_n = m\dot{v}_f = m\dot{\omega}_f\left(r + \frac{R_l}{2}\right) \\
T_l &= F_n\frac{R_l}{2} = \frac{1}{12}m\left(\frac{R_l}{2}\right)^2\dot{\omega}_t
\end{aligned}
\tag{4 – 62}
$$

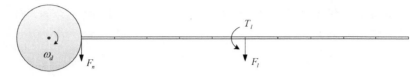

图 4 – 36　受力分析

将这两部分角加速度分别表示为径向力 F_n 的形式：

$$\dot{\omega}_f = \frac{F_n}{m\left(r + \dfrac{R_l}{2}\right)}$$

$$\dot{\omega}_t = \frac{24F_n}{mR_l}$$

$$(4 – 63)$$

考虑转动方向，合成后得到如图 4 – 37 所示的柔索转动角加速度：

$$\dot{\omega}_o = \dot{\omega}_t - \dot{\omega}_f = \frac{24F_n}{mR_l} - \frac{F_n}{m\left(r + \dfrac{R_l}{2}\right)} \qquad (4 – 64)$$

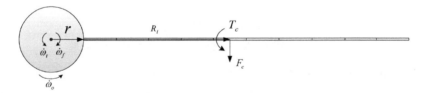

图 4 – 37　合成角速度

因此，作用力矩 T_l 能够使柔索产生惯性系下的转动运动。

为了更好地了解自旋过程中电帆绳索受到外力作用时，绳索变形情况和绳索上振动传递规律，主要针对施加在绳索根部，即由电帆中心体控制力矩引起的绳索振动特性进行仿真分析。取长 10 m、半径 0.002 m、弹性模量 2.07×10^{10} Pa、密度 7 200 kg/m³ 的绳索，绳索径向位移随时间变化如图 4 – 38 所示。

（2）控制率。根据前述分析，调速控制力矩 T_c 主要用于消除转动角速度的误差影响，但为了使柔索运动最终达到动平衡状态，还需引入如图 4 – 39 所示的角度差控制量，包括柔索与线轮中心至柔索安装点矢量的相位差 θ_1、柔索轴线的位移角 θ_2 及柔索轴线的预期位移角 θ_3。

设计电帆柔索的调速控制率为

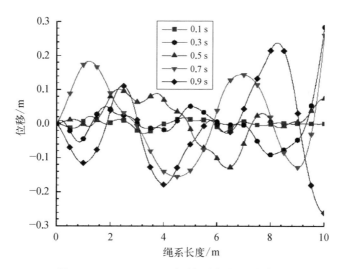

图 4 - 38　0~1 s 不同时刻绳索径向位移变化

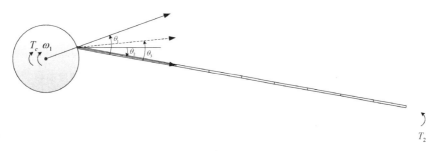

图 4 - 39　柔索角度差控制量

$$T_c = K_{p1}\theta_1 + K_{p3}\theta_3 + K_{d2}(\omega_d - \dot{\theta}_2) + K_{d1}(0 - \dot{\theta}_1) \quad\quad (4-65)$$

虽然一定程度上会增加柔索的绝对转动角速度,但这一作用会引起角速度持续增大,增大至一定程度后,柔索的转动角速度会减小,此时应改变 T_c 方向,即施加滞回力矩消除 θ_1,同时引入相位差变化率 $\dot{\theta}_1$ 来控制力矩滞回速度。

根据柔索角速度与期望角速度偏差 $\Delta\omega_i$ 和柔索距平衡位置角度偏差 θ_2 两个参数进行 PD 控制器设计。由于柔索角速度与柔索相位偏差存在耦合关系,故对柔索相位偏差进行阈值设置,当偏差大于一定范围时,提供修正偏差的力矩。

（3）转速控制仿真分析。建立绳索梁模型。几何材料参数取值为:长度 l = 0.4 m,直径 $d = 0.001$ m,弹性模量 $E = 2 \times 10^{11}$ Pa,密度 $\rho = 10\ 200$ kg/m³,泊松比 $v = 0.29$。相差 $\pi/2$ 的 4 根柔索分别通过球铰链与中心轮毂相连。设定目标角速度为 $\omega_d = 2$ rad/s,初始角速度为 $\omega_2 = 1$ rad/s。

由于控制力矩施加在轮毂上,为了实现整体调速的目的,需按照图 4 - 40,提供一个轮毂反向的角速度,在柔索根部产生一个控制力,提供柔索转速改变所需的控制力矩。以柔索角速度和柔索相对平衡位置的角度误差为控制量,设计 PD 控制器,实现电帆调速控制。

仿真时长 20 s,输出一根线缆的运动变化曲线及中心轮毂所受的控制力矩仿真数值结果。根据轮毂角速度曲线(图 4 - 41),一开始,中心轮毂正转产生相位差,提供柔索所需的控制力矩,当调速过程结束后,再通过反向速度修正轮毂与线缆的相位差,实现以目标转速稳定运动。

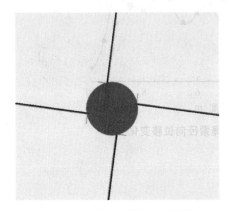

图 4 - 40   中心轮毂驱动模型

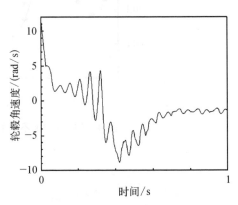

图 4 - 41   轮毂角速度曲线

初始角速度为 $\omega_2 = -1$ rad/s,为将转速调至 -1.5 rad/s,初始线轮反转力矩使得柔索加速,然后正转力矩使柔索消除相位差,角速度呈现高频波动变化趋势。

柔索角速度为实际控制变量,角速度滤波后,曲线可以清晰地描述出实际调速控制效果,具体曲线如图 4 - 42 所示。柔索角速度在 1 s 内达到目标角速度后,在其附近周期性振荡,主要原因为线缆柔性较大,轮毂附近柔索变形较大,误差无法

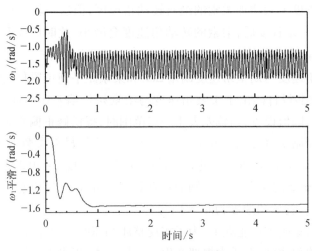

图 4 - 42   柔索角速度曲线

完全消除。

在 0~1 s 时间内,角速度基本调整至 -1.5 rad/s,之后线缆角速度在 -1.5 rad/s 附近周期振荡。从图 4-43 的柔索距平衡位置的角度偏差中可以清晰地看出,在转速调整过程中相位差始终无正值,用以提供柔索调速所需控制力矩。1 s 后柔索角度偏差在 0 附近周期性振荡。

柔索距离平衡位置的角度偏差如图 4-43 所示,1 s 后角度偏差基本保持在 0.3 rad 内周期性振荡。

由于柔索在平衡位置附近周期性摆动,控制力矩也呈现周期性变化趋势,如图 4-44 所示,用以保证柔索在相对稳定的姿态下运动。

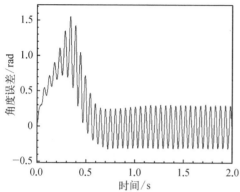

图 4-43　柔索距离平衡位置的角度偏差

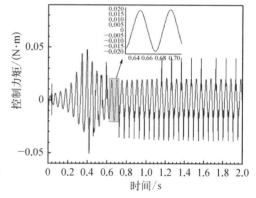

图 4-44　轮毂上控制力矩曲线

（4）调速控制策略影响因素分析。由于线缆具有质量轻、阻尼小、抗拉强度高,以及较高的柔性等特性,在电帆调速过程中,线缆的长度、弹性模量,以及电帆速度调整区间对稳定调速过程具有较大的影响。在上文对 0.4 m 长线缆的电帆实现了从 -1 rad/s 到 -1.5 rad/s 的调速仿真后,对多参数进行对比,为后续大尺度线缆组成的大型电帆结构调速过程提供理论基础。

（5）弹性模量影响分析。首先,对不同弹性模量的线缆进行对比分析。选取 0.4 m 长的线缆,电帆自旋速度为 -0.5 rad/s,分别设置弹性模量为 2×10^{7} Pa、2×10^{9} Pa 和 2×10^{11} Pa,并进行对比分析。

绳索的周期性振动会导致中心体角速度在初始转速附近周期振动,如图 4-45 所示。绳索弹性模量越小,越容

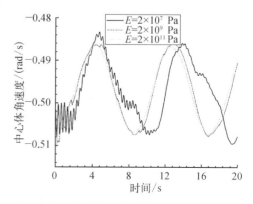

图 4-45　不同弹性模量下中心体角速度曲线

易导致中心体的高频振动。

从绳索角速度曲线(图4-46)可以看出,小弹性模量会使绳索产生更大幅度的振动,相应稳定性更低。

从绳索的姿态角偏差曲线(图4-47)可以看出,小弹性模量在相位上具有一定的滞后响应,在施加控制力矩后也会出现滞后响应,使得调整周期更长。

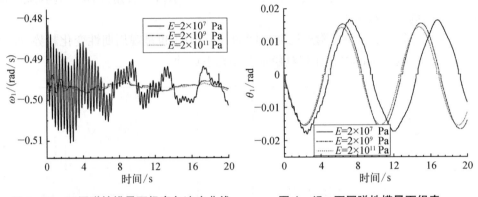

图4-46 不同弹性模量下绳索角速度曲线　　图4-47 不同弹性模量下绳索
　　　　　　　　　　　　　　　　　　　　　　　姿态角偏差曲线

(6)绳索长度影响分析。不同长度的绳索对电帆系统中心体和绳索的运动特性影响很大。长度越长,整体转动惯量越大。分别对0.4 m、0.8 m和1.2 m长的绳索组成的电帆模型进行仿真,比较绳索对中心体角速度的影响和对绳索姿态的影响。

从结果曲线(图4-48)可以看出,绳索越短,对中心体角速度变化幅值影响越大,中心体角速度振动频率越小。绳索姿态角度偏差曲线(图4-49)同样反映出这一特点。

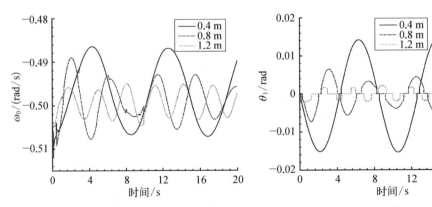

图4-48 不同长度绳索中心体角速度曲线　　图4-49 不同长度绳索的绳索姿态偏差曲线

在上文中针对 0.4 m 长绳索的电帆进行调速控制,绳索转速可以很快调整到期望角速度。本节调整绳索长度到 0.8 m,将绳索自旋角速度从 -0.5 rad/s 调整到 -1 rad/s,如图 4-50 所示。在增加绳索姿态角度偏差的增益和提高角速度偏差的增益的情况下,均无法快速提高绳索角速度。从这一现象可以得出,随着绳索长度增加,中心体施加控制力矩对绳索姿态控制效果减弱。

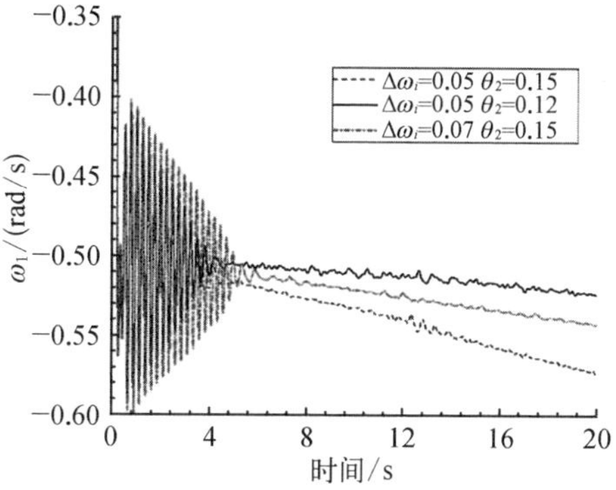

图 4-50　0.8 m 长绳索调速过程中绳索角速度曲线

4.1.3　电帆的轨道控制技术

空间技术的发展正在进入一个新的转型期,由最初的近地空间开发利用逐步向更广阔的深空探索发展,由最初的周期性地球轨道发展到如今的编队飞行、在轨交会对接、目标天体的抵近观测、小行星采样返回等。轨道机动是实现上述这些空间规划、任务及操作的基础及核心技术,电帆作为一种新型的特种空间推进技术,有别于传统推进技术,具有自身独特的工作机制及控制方式,本节主要介绍电帆的轨道控制技术,建立电帆轨道机动动力学模型、轨道机动推力器控制模式及轨道机动问题的求解与优化等。

1. 电帆轨道机动模型

首先就电帆推力矢量建立不同形式的轨道动力学模型,在电帆推力矢量已知的情形下,在二体问题或者限制性三体问题的框架下,建立中心天体电帆轨道动力学模型如下:

$$\ddot{\boldsymbol{r}} + \frac{\mu}{r^3}\boldsymbol{r} = \boldsymbol{F} \qquad (4-66)$$

其中,$\boldsymbol{r}$ 是电帆位置矢量,从中心天体指向电帆;μ 是中心天体质量常量;$\boldsymbol{F}$ 是电帆的推力矢量。

建立以太阳为中心的空间坐标系,如图 4-51 所示,$\{\hat{I},\ \hat{J},\ \hat{K}\}$ 和 $\{\hat{r},\ \hat{\psi},\ \hat{\phi}\}$ 分别为空间右手正交直角坐标系与球坐标系的基向量,ψ,ϕ 是黄道经度及纬度,n 是电帆推力的法向量,即电帆推力方向,非帆面法向量,因为电帆具有独特的作用机理,其推力方向为帆面法向量与太阳辐射方向夹角的 1/2。α,β 是推力方向在

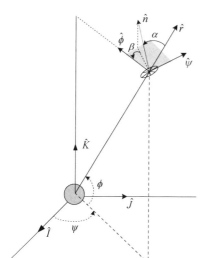

图 4-51　电帆直角坐标系和球坐标系示意图

球坐标系中的描述,其中 α 是推力方向与 $\hat{r}$ 轴的夹角,β 是推力在 $<\hat{\psi},\hat{\phi}>$ 面内的投影与 $\hat{\psi}$ 轴的夹角。图 4-51 中两个坐标系之间的转化关系为

$$\begin{bmatrix} \hat{r} \\ \hat{\psi} \\ \hat{\phi} \end{bmatrix} = \begin{bmatrix} \cos\phi & 0 & \sin\phi \\ 0 & 1 & 0 \\ -\sin\phi & 0 & \cos\phi \end{bmatrix} \begin{bmatrix} \cos\psi & \sin\psi & 0 \\ -\sin\psi & \cos\psi & 0 \\ 0 & 0 & 1 \end{bmatrix} \begin{bmatrix} \hat{I} \\ \hat{J} \\ \hat{K} \end{bmatrix} \qquad (4-67)$$

电帆的位置矢量 $\boldsymbol{r}$ 可以进一步表示为

$$\begin{aligned} \boldsymbol{r} &= r\hat{r} \\ &= (r\cos\phi\cos\psi)\hat{I} + (r\cos\phi\sin\psi)\hat{J} + (r\sin\phi)\hat{K} \\ &= X\hat{I} + Y\hat{J} + Z\hat{K} \end{aligned} \qquad (4-68)$$

电帆的单位推力矢量 $\hat{\boldsymbol{F}}$ 和推力矢量加速度 $\boldsymbol{F}$ 可以表示为

$$\hat{\boldsymbol{F}} = \hat{n} = (\cos\alpha)\hat{r} + (\sin\alpha\sin\beta)\hat{\psi} + (\sin\alpha\cos\beta)\hat{\phi}$$

$$\boldsymbol{F} = \begin{bmatrix} F_r \\ F_\psi \\ F_\phi \end{bmatrix} = F\begin{bmatrix} \cos\alpha \\ \sin\alpha\sin\beta \\ \sin\alpha\cos\beta \end{bmatrix} \qquad (4-69)$$

其中,F 是电帆在空间某位置的加速度大小,由第 3 章可知,该值大小与电帆的构型及太阳距离相关,$F = a_\oplus \left(\dfrac{r_\oplus}{r}\right)^{\frac{7}{6}}$。将轨道动力学方程(4-68)写成球坐标形式,可以得到:

$$\begin{aligned} &\ddot{r} - r\dot{\phi}^2 - r\dot{\psi}^2\cos^2\phi = -\frac{\mu}{r^2} + F_r \\ &r\ddot{\psi}\cos\phi + 2\dot{r}\dot{\psi}\cos\phi - 2r\dot{\psi}\dot{\phi}\sin\phi = F_\psi \\ &r\ddot{\phi} + 2\dot{r}\dot{\phi} + r\dot{\psi}^2\sin\phi\cos\phi = F_\phi \end{aligned} \qquad (4-70)$$

令 $v_r = \dot{r}$,$v_\psi = r\dot{\psi}\cos\phi$,$v_\phi = r\dot{\phi}$,并将电帆在球坐标下的推力表达式(4-69)代入(4-70),就可以得到电帆在球坐标系的轨道动力学方程:

$$\dot{r} = v_r$$

$$\dot{\psi} = \frac{v_\psi}{r\cos\phi}$$

$$\dot{\phi} = \frac{v_\phi}{r}$$

$$\dot{v}_r = \frac{v_\psi^2 + v_\phi^2}{r} - \frac{\mu}{r^2} + a_\oplus \left(\frac{r_\oplus}{r}\right)^{\frac{7}{6}} \cos\alpha$$

$$\dot{v}_\psi = \frac{v_\psi v_\phi \tan\phi - v_r v_\psi}{r} + a_\oplus \left(\frac{r_\oplus}{r}\right)^{\frac{7}{6}} \sin\alpha \sin\beta \qquad (4-71)$$

$$\dot{v}_\phi = -\frac{v_\psi^2 \tan\phi + v_r v_\phi}{r} + a_\oplus \left(\frac{r_\oplus}{r}\right)^{\frac{7}{6}} \sin\alpha \cos\beta$$

将轨道动力学方程(4-68)写成笛卡儿坐标形式,可以得到:

$$\ddot{X} = -\frac{\mu X}{r^3} + F_x$$

$$\ddot{Y} = -\frac{\mu Y}{r^3} + F_y \qquad (4-72)$$

$$\ddot{Z} = -\frac{\mu Z}{r^3} + F_z$$

其中, $r = \sqrt{X^2 + Y^2 + Z^2}$,根据式(4-69)可以将电帆推力矢量在笛卡儿坐标系中表示为

$$\begin{bmatrix} F_x \\ F_y \\ F_z \end{bmatrix} = \begin{bmatrix} \cos\psi & -\sin\psi & 0 \\ \sin\psi & \cos\psi & 0 \\ 0 & 0 & 1 \end{bmatrix} \begin{bmatrix} \cos\phi & 0 & -\sin\phi \\ 0 & 1 & 0 \\ \sin\phi & 0 & \cos\phi \end{bmatrix} \begin{bmatrix} F_r \\ F_\psi \\ F_\phi \end{bmatrix} \qquad (4-73)$$

上述笛卡儿坐标系和球坐标系下的轨道动力学模型的物理意义明确,图形曲线显示直观,适合主观上了解及视景仿真。但该模型中的状态量都是与时间相关的快变量,在对轨道模型数值计算求解中,需要较小的仿真步长才能获得相对较高的求解精度。电帆轨道机动是一种连续小推力轨迹转移问题,往往会经历较长的飞行时间和较多的绕飞圈数,因此在采用笛卡儿坐标系模型或球坐标模型进行轨迹推演时,需要选取较小的积分步长,这会显著增加计算量。

建立图 4-52 所示的电帆轨道坐标系, $\{\hat{I}, \hat{J}, \hat{K}\}$ 和 $\{\hat{r}, \hat{\theta}, \hat{k}\}$ 分别为空间右手正交直角坐标系与轨道坐标系的基向量,卫星轨道六根数与直角坐标系的关系如图 4-52 中所示, n 是电帆推力的法

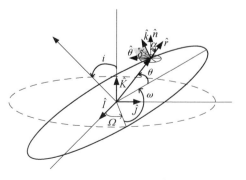

图 4-52 电帆密切轨道坐标系示意图

向量,即电帆推力方向,α 和 δ 是推力方向在轨道坐标系中的描述,其中 α 是推力方向与 $\hat{r}$ 轴的夹角,δ 是推力在 $<\hat{\theta}, \hat{k}>$ 面内的投影与 $\hat{k}$ 轴的夹角。图 4-52 中两个坐标系之间的转化关系为

$$
\begin{bmatrix} \hat{r} \\ \hat{\theta} \\ \hat{k} \end{bmatrix} = \begin{bmatrix} \cos(\omega+\theta) & 0 & \sin(\omega+\theta) \\ 0 & 1 & 0 \\ -\sin(\omega+\theta) & 0 & \cos(\omega+\theta) \end{bmatrix} \begin{bmatrix} 1 & 0 & 0 \\ 0 & \cos i & \sin i \\ 0 & -\sin i & \cos i \end{bmatrix} \begin{bmatrix} \cos\Omega & \sin\Omega & 0 \\ -\sin\Omega & \cos\Omega & 0 \\ 0 & 0 & 1 \end{bmatrix} \begin{bmatrix} \hat{I} \\ \hat{J} \\ \hat{K} \end{bmatrix}
$$
$$(4-74)$$

同理,可以将电帆的推力矢量加速度在密切轨道坐标系下表示为

$$
\boldsymbol{F} = \begin{bmatrix} F_R \\ F_T \\ F_N \end{bmatrix} = F \begin{bmatrix} \cos\alpha \\ \sin\alpha\sin\delta \\ \sin\alpha\cos\delta \end{bmatrix} \tag{4-75}
$$

根据上述结果,建立高斯轨道摄动方程,采用轨道根数的形式进行表述:

$$
\dot{a} = \frac{2}{n\sqrt{1-e^2}} [F_R e\sin\theta + F_T(1+e\cos\theta)]
$$

$$
\dot{e} = \frac{\sqrt{1-e^2}}{na} [F_R\sin\theta + F_T(\cos\theta + \cos E)]
$$

$$
\dot{i} = \frac{r\cos(\omega+\theta)}{na^2\sqrt{1-e^2}} F_N
$$

$$
\dot{\Omega} = \frac{r\sin(\omega+\theta)}{na^2\sqrt{1-e^2}\sin i} F_N
$$

$$
\dot{\omega} = \frac{\sqrt{1-e^2}}{nae} \left\{ -F_R\cos\theta + F_T\left[1 + \frac{r}{a(1-e^2)}\right]\sin\theta \right\} - \frac{r\cos i\sin(\omega+\theta)}{na^2\sqrt{1-e^2}\sin i} F_N
$$

$$
\dot{\theta} = \frac{na^2\sqrt{1-e^2}}{r^2} + \frac{1}{ena^2\sqrt{1-e^2}} \{F_R a(1-e^2)\cos\theta - F_T[a(1-e^2)+r]\sin\theta\}
$$
$$(4-76)$$

采用轨道根数表示的动力学方程,可以使状态参数在轨道机动过程中尽量保持平滑,使参数在很小范围内变动,而且,使用轨道根数的形式可以更加直观地对轨道的特性进行描述,可以更容易地对轨道变化进行定量的分析计算。对于推力加速度很小、飞行时间长的转移轨迹,该模型可以有效地提高优化效果。但是该模型在轨道倾角 $i=0°$ 或 $90°$、离心率 $e=0$ 时存在奇异,因此在应用中存在

局限性。针对经典的轨道根数模型存在奇异问题，Walker 在 1985 年提出了一套改进的春分点轨道根数模型，使得在轨道倾角为 0° 或者偏心率为 0 时不存在奇异问题。令

$$
\begin{aligned}
p &= a(1 - e^2) \\
e_x &= e\cos(\omega + \theta) \\
e_y &= e\sin(\omega + \theta) \\
h_x &= \tan(i/2)\cos\Omega \\
h_y &= \tan(i/2)\sin\Omega \\
L &= \Omega + \omega + \theta
\end{aligned}
\tag{4-77}
$$

将上述映射后的变量(4-77)代入式(4-76)中，得到改进春分点形式的轨道摄动方程为

$$
\dot{\boldsymbol{x}} = \boldsymbol{A} + \boldsymbol{BF}
$$

$$
\boldsymbol{x} = \left[p,\ e_x,\ e_y,\ h_x,\ h_y,\ L \right]^{\mathrm{T}}
$$

$$
\boldsymbol{A} = \frac{\sqrt{p/\mu}}{W}\left[0 \quad 0 \quad 0 \quad 0 \quad 0 \quad W^3\mu/p^2 \right]^{\mathrm{T}}
$$

$$
\boldsymbol{B} = \begin{bmatrix}
0 & 2p & 0 \\
W\sin L & (W+1)\cos L + e_x & -Ze_y \\
-W\cos L & (W+1)\sin L + e_y & Ze_x \\
0 & 0 & C\cos L/2 \\
0 & 0 & C\sin L/2 \\
0 & 0 & Z
\end{bmatrix}
\tag{4-78}
$$

其中，$W = 1 + e_x\cos L + e_y\sin L$；$Z = h_x\sin L - h_y\cos L$；$C = 1 + h_x^2 + h_y^2$；$\boldsymbol{F}$ 为 RTN 密切轨道坐标系下的推力加速度，同式(4-75)。

改进的春分点轨道根数在轨道倾角为 180° 时才会出现奇异，但是由于在一般的轨道机动过程中很少出现轨道倾角为 180° 的情形，因此在实际问题求解过程中可以暂时不考虑该奇异问题。

2. 电帆轨道机动任务分类

电帆的轨道机动任务按照目标轨道可以分为两种：开普勒轨道转移、非开普勒轨道转移。

开普勒轨道：通常用轨道六根数来描述目标轨道状态，也可以用三维位置矢量、速度矢量来描述，因此可以使用前面建立的任意一种轨道动力学模型进行求

解,各种不同形式的动力学模型在进行问题求解及数值计算时的利弊已经在前面进行了分析。其中,开普勒轨道机动任务多用于空间轨道调整及对太阳系内不同天体的探索任务中。

非开普勒轨道:其轨线中心不一定是中心天体,也不满足开普勒三大定律,因此无法使用轨道六根数来对目标轨道状态参数进行描述,只能使用三维位置矢量、速度矢量来进行描述,因此只能使用前面建立的笛卡儿坐标系和球坐标系下的轨道动力学模型来进行求解。非开普勒轨道多用于飞出太阳系、悬浮轨道、拉格朗日轨道、晕轨道等任务中。

按照目标轨道的到达要求,电帆的轨道机动任务可以分为:轨道拦截、轨道转移、轨道交会。

轨道拦截:要求航天器对象在未来特定时间到达指定的空间位置,即对于空间运动六维变量,需要在末端时刻满足三个位置矢量上的约束,对另外三个速度矢量约束不做要求。

轨道转移:要求航天器对象在未来任意时刻到达指定的轨道,满足该目标轨道的大小、形状和在空间的方位要求,即给定 5 个轨道根数,但对于航天器的入轨时间及入轨位置没有要求。

轨道交会:要求航天器对象在未来特定时间到达指定的目标轨道,即给定目标轨道的六根数或对应的位置速度矢量,航天器在未来指定时间需满足全部的轨道状态参数约束。

轨道拦截问题常见于电帆航天器在太阳系内小行星(特别是彗星)的途径观测等任务;轨道转移适用于电帆航天器实现悬浮轨道、拉格朗日点附近晕轨道等目标轨道的转移任务;轨道交会应用于太阳系内天体的转移及观测、小行星上的采样返回、目标航天器及天体的伴飞观测等任务。针对不同任务目标,可灵活选择轨道动力学模型。

3. 电帆推力矢量控制策略

根据产生的推力机制及电帆自身特点,电帆轨道机动问题属于连续小推力模型。在推力作用下,当加速度非常小时,推力作用弧段可能遍及整个轨道机动过程的全部或者大部分。整个轨道机动持续时间比传统的脉冲推力变轨长得多。

相比于其他推进系统,电帆航天器能够灵活地在空间改变推力矢量,从而改变电帆在空间的运动轨迹。通过第 3 章对电帆工作机制的分析知道,电帆能够同时按改变所有导线上的电势来实现推力大小的调节,也就是在维持推力方向不变的情况下改变推力的大小。对于推力方向的调节,可以通过调节不同导线上的电势产生调整帆面姿态的净力矩,通过改变帆面的姿态实现推力方向的调节。尽管电帆姿态调整过程中会对电帆推力大小造成一定的影响,但是相比于电帆在空间的长周期运动,姿态调整期间所造成的推力大小扰动对整个飞行轨迹的影响可以忽略不计。因此,可以认为电帆在空间的推力矢量调节是解耦的,它既可以在保持推力方向一定的情形下改变推力大小,也可以在保持推力大小一定的情形下改变推力方向。对于前面的轨道动力学模型,其控制输入为 $(a_{\oplus}, \alpha, \beta)$ 或者 $(a_{\oplus}, \alpha, \delta)$。

通过上面的描述可以知道,电帆航天器深空探测轨道转移过程中,电帆既可以通过改变推力大小,也可以通过改变推力方向来完成轨道控制。因此在电帆轨道控制策略设计上可以采用以下方法。

(1) 单独改变推力大小:由于电帆推力大小可以通过调节导线上电势高低实现无级调节,而电帆自身受结构影响,是一种超大柔性的多体结构,其在空间姿态的改变较为困难,且具有延时响应较大、姿态调节精度较低等特点,因此单独通过改变推力大小进行轨道保持控制是一种有效的控制策略。王昱使用该控制策略,模拟在真实太阳风环境中,电帆受较大外界扰动的情形,实现了日心悬浮轨道的保持控制。通过设计 LQR 控制器,实现电帆在深空轨迹转移过程中沿着预先设计的最优轨线飞行,且具有较高的控制精度。

(2) 单独改变推力方向:相比于第一种单独改变推力大小的控制策略,采用推力矢量调节策略具有更多的输入维数,将电帆产生的推力方向角度 (α, β) 作为控制输入。Mengali 使用该种控制策略,通过改变电帆推力方向,设置推力开关函数,成功得到了电帆向日心悬浮轨道的转移轨迹。Quarta 采用同样的控制策略,实现电帆航天器向太阳系内小行星的最优轨道转移。

(3) 推力矢量调节:相比于前两种控制策略,采用推力矢量调节策略具有更多的输入维数,不再是欠驱动控制系统,能够应用于所有的轨道控制问题,不再受控制输入维数欠缺的制约。但是随着控制输入维数的增多,轨道转移过程中需要求解的控制变量会大量增加,提高了问题求解难度。王昱使用推力矢量调节方法,采用伪谱法设计求解了电帆航天器向太阳系内火星的最优转移轨道。

4. 电帆轨道机动问题求解

电帆的轨道机动问题是连续小推力轨迹转移问题,相比于传统的脉冲式轨道机动,变轨控制律包括推力大小和推力方向的设计,使得其控制律的设计和优化参数更加复杂。轨道机动问题归根结底是一类最优化问题,最优化问题一般可分为参数优化问题和最优控制问题,也就是采用解析解法和数值解法。

随着人类对太空探测任务的复杂化和计算机技术的不断进步,现有的轨迹优化设计方法基本采用数值解法,主要有间接法、直接法和混合法。间接法通过庞特里亚(pontryagin)极大值原理获得最优解的一阶必要条件,根据所获得的极值条件给出协态方程终值,通过猜测协态方程初值,利用梯度法、共轭梯度法、临近极值法、边值打靶法、代数函数法等数值方法进行求解。间接法的优点是解的精度高,最优解满足最优性的一阶必要条件;缺点是两点边值问题的收敛域很小,不当的初值猜测容易发散,得不到可行解,对初值估计精度要求很高,且协态变量初值没有具体物理意义,很难估计。直接法的基本思想是将连续最优控制问题离散化并转化为非线性规划参数寻优问题,再通过优化算法对性能指标直接寻优,即直接法涵盖了两个关键问题: ① 如何将最优控制问题转化为非线性规划问题;② 如何求解变化后的非线性规划问题,也就是离散变化和优化求解两个关键问题。目前的离散化手段主要有直接离散法、配点法和伪谱法。直接离散法通过离散控制变量,将连续最优控制转化为参数优化问题,即只离散控制变量,微分方程通过数值积分进行求解,原理简单,数学表达方便,便于实现,因此直接离散法在很长一段时间被作为离散化的主要手段,但是由于该方法需要进行数值积分,计算量大,速度较慢,主要方法有直接打靶法和多重打靶法。配点法应用特定多项式逼近每一段的控制变量和状态变量,是一种同时离散控制量与状态量的离散化手段,将微分方程转化为代数约束条件,配点法所得到的优化变量维数远高于直接法,但是提高了问题的收敛速度和精度。伪谱法采用全局插值多项式的有限基在一系列离散点上近似状态变量和控制变量,通过对多项式求导来近似得到动力学方程中的状态变量对时间的导数,且在一系列配点上满足动力学方程右端的约束。伪谱法的一个显著特征就是谱收敛,即收敛速度大于 $N - m$,其中 N 是配点个数,m 是任意有限数值。由于计算机效率上的优势,伪谱法逐渐成为最优控制问题求解方法的研究热点。混合法的中心思想是结合间接法和直接法的优点,在间接法的基础上,将两点边值问题转化为针对协态变量初值等未知量的参数优化问题,从而降低了数值计算对初值的敏感性,另外在本质上并未脱离极大值原理的框架,解的最优性和连续性可以得到保证。

4.2　电动力绳系的关键技术

4.2.1　裸绳系释放技术

绳系的释放是绳系卫星中最关键的环节,也是近些年绳系卫星研究工作的焦点。图 4-53 为南京航空航天大学文浩等设计的一种绳系收放装置,其中包括卷线轴、电机、编码器、驱动器、基座等。

图 4-54 所示的是绳系伸展模拟仿真过程,绳索线轴用来缠绕用于试验的电动绳索,利用弹簧弹射出终端,获得一定初速度,绳索会按线轴向外伸展,同时为了防止绳索振动,张开过程中需要缓冲装置在绳索展开末期进行制动控制,如若发生紧急情况,则需要进行必要的切断绳索的机构。

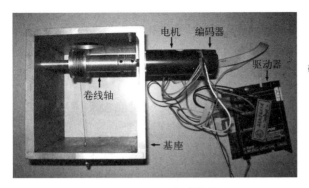

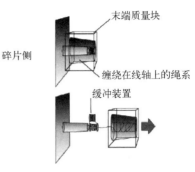

图 4-53 绳系收放装置　　　　　图 4-54 绳系的伸展模拟过程

4.2.2 等离子体接触器技术

如前文所述,形成耦合电流需要借助等离子体接触器收集和发射电子电流。目前主要有三种类型的等离子接触器:大型导电结构(如球体、裸线绳等)、电子枪、HCPC。

1. 空心阴极等离子体技术国内外研究现状和发展趋势

从 20 世纪 90 年代开始,国内有多家单位开始进行 HCPC 的研究。国内研究等离子体接触器装置的单位主要以中国科学院空间科学与应用研究中心(中科院空间中心)、中国航天科技集团五院 502 所(航天 502 所)和中国空间技术研究院 510 所(航天 510 所)为代表,且均以航天器电位控制为研究背景。

中科院空间中心曾研制了一套航天器表面电位控制原理样机。系统包括电位控制系统、HCPC 和电位监测系统等。达到的系统主要指标为:功耗小于 30 W,寿命大于 1 500 h,点火次数高于 500 次。并通过地面设备进行了电位主动控制试验,证实了系统用电位控制原理是可行的。

航天 510 所为我国空间站主动电位控制研制了一套等离子体接触器系统,该系统以空心阴极为基础,可在偏置电压 20 V 左右发射 5 A 的电子电流,能有效确保空间站安全运行。

航天 502 所与哈尔滨工业大学联合研制了用于 1.5 kW 和 5 kW 霍尔推力器的空心阴极。图 4-55 为 1.5 kW 霍尔推力器,其阴极的点火电压为 250 V。目前该产品已经搭载试验卫星,并通过在轨试验验证。

北京理工大学喷气推进实验室进行了绳系的核心部件等离子体空心阴极的地面试验,研究了实际等离子体接触器的电子放电特性,并开展了等离子体接触器放电特性

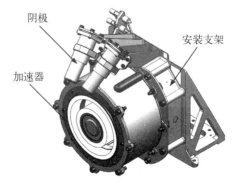

图 4-55 1.5 kW 霍尔推力器

对绳系工作的影响研究。

2. HCPC 性能对 EDT 影响

HCPC 对整个 EDT 系统有很大影响,其性能决定了电动力绳系的设计方案和工作性能。

如前所说,接触器发射电流-偏置电压曲线是其电荷交换能力的体现,因此,对一个 HCPC 产品来说,在氙气流量一定的情况下,给定一个偏置电压,就一定能知道其发射电流,且其最大发射电流也是可知的。当设计 EDT 系统时,整个 EDT 系统的回路电流不能超过接触器的最大发射电流;同时,如果已知 EDT 系统的回路电流,那么可以直接将整根绳系的电位分布计算出来,进而计算更为精确的推进效率。如果接触器能在相同的偏置电压下发射更多的电流,那么在 EDT 系统相同的情况下可以产生更大的推力;如果接触器在较低流量也能有一致的 $C-V$ 曲线,那么可以减少氙气需求量,降低 EDT 系统的整体质量,并使得工作过程中的重心偏移量减少。接触器的性能也会对绳系末端的有效载荷产生影响,进一步对 EDT 系统的设计产生影响,如绳系的设计、部署和控制机构的设计等。

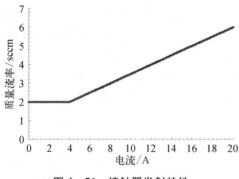

图 4-56　接触器发射特性

Blash 曾讨论了不同的等离子体接触器对相同绳系降轨能力的影响,假设接触器在不同的偏置电压下有相同的发射特性(发射特性根据实际阴极参数拟合而成),如图 4-56 所示,为简化分析,将偏置电势分别固定为 0 V、-30 V、-50 V,其余的绳系参数设置相同。需要说明的是,这里 0 V 的情况仅为理想接触器(实际不存在这样性能的接触器),-30 V、-50 V 的情况则更接近实际接触器性能。

Blash 根据数学模型对比了不同放电性能等离子体接触器的绳系的降轨能力,并分别从降轨时间和绳系电流进行分析,如图 4-57 所示。从图 4-57(a)可以看出,接触器偏置电压越高,相应的绳系降轨速度越快,这说明等离子体接触器的性能越好,系统降轨进入预定轨道高度的时间越少。这是因为接触器的偏置电压越高,绳系上正电位部分(相对于环境等离子体)越多,可吸收的电子电流越大,故产生的洛伦兹力越大,图 4-57(b)中的电流变化正好说明了这一点。同时,由于轨道逐渐变低,空间等离子体密度变高,吸收的电子电流逐渐变大,如图 9-57(b)所示,这导致绳系产生的洛伦兹力逐渐变大,导致图 4-57(a)中降轨速率不断加快。

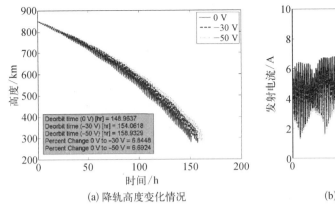
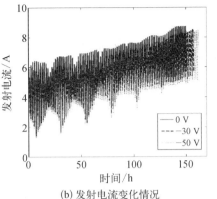

(a) 降轨高度变化情况　　　　　　(b) 发射电流变化情况

图 4 - 57　接触器性能对绳系降轨任务影响

由上述分析可知,等离子体接触器是绳系完成电流回路的关键因素,同时对绳系的方案设计和工作性能有决定性的影响,评判等离子体接触器产品的好坏主要是根据其发射电流-偏置电压曲线($C - V$ 曲线)。

4.2.3　绳系的稳定性及控制技术

1. 重力梯度稳定

当绳系卫星绕地球运动时,由于绳系两端在不同的轨道上,因此两端有不同的重力和离心力。绳系卫星系统做轨道运动时,绳系会倾向沿当地垂线方向(指向地心),这是重力梯度作用的结果。

如图 4 - 58 所示,若绳系偏离当地垂线方向,则可将作用在绳系上的重力梯度力分解为两个分量,其一沿绳系线方向,其二垂直于绳系线,沿绳系线方向的力将绳系拉紧,而垂直于绳系线的力形成一个恢复力矩(重力梯度力矩),使整个系统趋向当地垂线方向转动。

将绳系简化为哑铃结构。在绳系上存在这样的一点 O,其离地心的距离 r_o 与角速度 ω 的关系满足下列关系式(开普勒第三定律):

$$\omega^2 r_o^3 = \mu \qquad (4 - 79)$$

其中,r_o 处的 O 点称为运动中心,运动中心靠近绳系的质心,但位于质心之上。绳系上离地心的距离为 r 处的重力加速度 g 为

$$g = \frac{\mu}{r^2} - \omega^2 r = \frac{\mu}{r^2}\left(1 - \frac{r^3}{r_o^3}\right) \qquad (4 - 80)$$

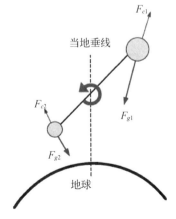

图 4 - 58　绳系重力梯度稳定原理

这种空间重力加速度 g 随距离 r 变化的特性称为"重力梯度"。

2. EDT 的控制策略研究

EDT 的控制策略研究方向主要集中在动力学振动控制和对绳系的释放与回收控制两方面。

对于动力学控制策略问题,Hoyt 认为 EDT 最容易受不同程度振动的耦合影响,采用两种算法策略对绳系振动进行反馈控制,研究发现,这样做尽管只能改善绳系在准稳态水平,却能有效地控制振动;Peláez 研究了倾斜轨道上 EDT 的稳定性问题,文中指出不稳定和绳系弹性是相互独立的,认为绳系可以简化为哑铃结构,研究表明,较大的轨道倾角对竖直的 EDT 稳定性影响非常大;Williams 提出一种新型的反馈控制,采用一种时间延迟反馈控制器,以电流为样本变量来控制系统振动,只需要调节绳系的电流就能稳定绳系。

对绳系的展开与回收方面控制的研究是至关重要的,绳系能否顺利展开是 EDT 能否正常工作的首要前提,在上述已经进行过的 EDT 飞行试验中可以发现,大多数失败的试验是绳系展开失败导致的。文浩等基于地面试验系统,依据计算机视觉和无线局域网技术,构建了在线测控子系统。根据在线优化及滚动时域控制理论,设计了绳系卫星收放反馈控制;Barkow 等针对绳系展开过程中的不稳定运动,提出了一种最优控制策略来仿真子星从空间飞船上释放的张力控制展开过程,并通过将这种最优控制方法与自由展开法、线性控制方法和"目标"概念方法

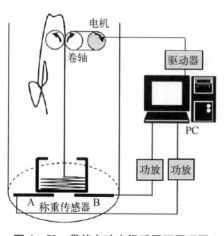

图 4 - 59   带状电动力绳系展开原理图

进行展开时间及效率方面的比较,得出最优控制法是最佳展开控制方法;孔宪仁等运用 Hamilton 原理建立了空间绳系展开动力学模型,研究绳系展开过程中绕线盘出线、绳系振动及末端质量块的运动规律,并利用中心差分法、四阶龙格-库塔(Runge - Kutta)法和预估校正法等数值方法对绳系的自由展开过程进行仿真,仿真结果显示,该模型可以较精确描述绳系在展开过程中的复杂非线性动力学行为;JAXA 成功设计了带状绳索伸展结构,并进行了实体的 T - REX 飞行试验,伸展机构的设计原理如图 4 - 59 所示。

第 5 章
电帆和电动力绳系的地面试验验证

5.1　电帆的地面试验

5.1.1　电帆的展开试验

1. 电帆展开机构的组成

电帆展开机构由电机、圆柱环组件、线轴、锁紧装置及结构件等组成。其中电机采用步进电机;导电环采用叠装式圆柱滑环,设有 8 个通道,为电帆导线供电并集成了电位计测角功能;锁紧装置包括支架、末端质量块、电磁铁及导向装置等部分。电机、轴承组件、锁紧装置均安装在一块 100 mm×100 mm 的基板上。图 5-1 为产品轴测图。

工作过程如下。

(1) 展开前,展开机构电机通电,整星自旋,直至展开角速度。

(2) 电磁铁通电,锁紧杆收拢,末端质量块在离心力及弹簧弹力的共同作用下带动电帆导线以相同的角速度转动。

(3) 电磁铁断电。

(4) 电机驱动线轴沿着绕线相反方向低速转动,电帆导线逐步展开。

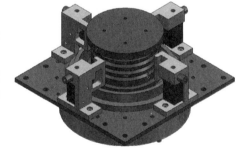

图 5-1　电帆展开机构三维示意图

(5) 根据电位计输出角度及绕线圈数等信息计算电帆展开长度,在电帆完全展开后,电机断电。

(6) 电帆在整星自旋角速度下维持形状,展开完成。

2. 试验过程及结果

电帆展开机构原理样机,如图 5-2(a) 所示。为了测试展开机构的功能、性能,以及展开过程中的电帆导线的稳定性,在实验室大气环境中开展了展开机构的展开试验。

试验设备包括机构外驱、滑环转台、滑环转台外驱、上位机等。其中滑环转台驱动电帆展开机构整机旋转,模拟卫星自旋,产生离心力;转台内置滑环,为展开机构供电;转台与展开机构连接关系如图 5-2(b)所示;展开机构及转台分别采用一套上位机+外驱进行驱动;试验系统及连接关系如图 5-2(c)所示,试验系统工作原理如图 5-3 所示。

(a) 原理样机

(b) 滑环转台

(c) 试验系统

图 5-2　电帆展开机构

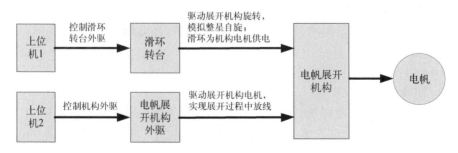

图 5-3　电帆展开试验原理图

展开时转台角速度采用 200 r/min,展开机构电机放线速度采用 0.3(°)/s。
试验过程如下:

(1) 各上位机及外驱加电并分别设置转速。

(2) 驱动转台起旋。

(3) 转台转速达到 200 r/min 并稳定后,展开机构电机启动,实现放线。

(4) 在末端质量块离心力作用下,电帆导线稳定展开。

(5) 展开完成后,展开机构电机反向旋转,实现收拢及重复使用。

(6) 转台减速,试验完成。

3. 试验结果

采用滑环转台模拟整星旋转,完成了展开机构的地面展开试验。试验结果表
明,展开机构能够实现电帆的旋转展开,展开过程稳定,电帆导线未发生缠绕钩挂,
能够实现电帆的展开任务要求。

5.1.2 等离子体与通电导线作用力试验

1. 测试试验系统构成

图 5 - 4 为推力测试台架、模拟电帆安装于真空舱内的实物照片,照片中心即
为霍尔电推力器(额定功率 5 kW)。推力器和模拟电帆处于真空舱的轴线上,两者
相距约为 2.5 m。按照设计,推力测试台架放置于固定架平面上,固定架通过地脚
螺栓与真空舱底部相连。

图 5 - 4 推力测试台架、模拟电帆安装于真空舱内的实物照片

图 5 - 5 为测试系统的舱外部分,包括测控工控机、标定用可编程电源、位移控制器和电帆供电电源。该供电电源的最大电压 1 500 V,最大电流 30 A,最大功率 10 kW。

图 5 - 5　模拟电帆的推力测试系统(舱外)实物照片

连线方面,推力测试系统的传感器电缆、位置控制电缆、标定电缆均通过图 5 - 6 的法兰接入舱内,连接到测力台架上,所有舱内线缆均由铝箔包裹,减弱推力器羽流中离子溅射的影响。

电帆供电方面,电帆供电电源的正极连接到法兰接线柱,导入真空舱,并连接到安装于推力台架上的模拟电帆。电源的负极连接到如图 5 - 6(b)所示的真空舱舱壁。

(a) 真空舱法兰及接线柱　　　　　　　　　(b) 电源接线

图 5 - 6　模拟电帆的加载电源接线实物照片

在试验前的准备阶段,调试测力台架,使之满足高测试精度和合适的过载保护。然后关闭真空舱,抽真空至推力器工作压力,并保持数小时。接着,开启推力器,调节其供电电压、电流,直至稳定工作。接下来,开启测力系统的测试软件、调节基线,再设置电帆供电电源的输出电压和电流,记录加载电压前后的测力数据。试验中,使用录像机实时记录电源控制和实测电压、电流,以及测力软件的软件界面,用于时序对应。

2. 典型测试数据和处理过程

图 5-7 为典型的测力结果即测试软件截图。如图所示,测力软件界面有上下两个图,均为同一个实时测力数据,两图的纵坐标不同,方便设备调试和噪声判断。软件右侧为参数设置和参数显示,测力系统的采样率为 500 kHz,5 000 点平滑,最终的输出力信号频率为 100 Hz。该测力数据实时显示,并实时保存到指定文件夹中,可连续采集数十小时。但需要强调的是,扭摆式台架的固有频率约为 1 Hz,因此,力的有效频率在 Hz 量级,在本试验的脉冲加载推力测试中,需要对测力进行平滑和平均,以实现 1 s 以上的力读取时间,该测力结果能够反映实际推力。

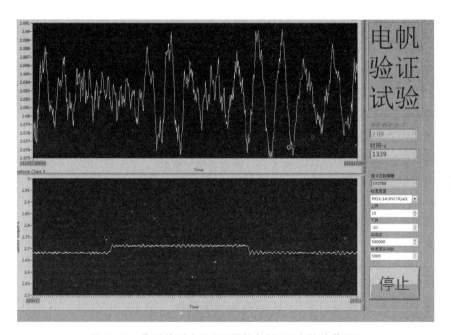

图 5-7　典型的测力结果(原始数据,测力软件截图)

采集的原始数据的处理过程如图 5-8 所示。先读取软件保存的测力数据,绘制成如图 5-8(a)所示的原始数据图;截取有推力时刻两侧的无推力基线,进行多项式拟合,如图 5-8(b)所示;利用原始数据减去拟合基线,再乘以预先标定的电压-推力系数(本试验中为 200.15 μN/V),即可得到测力结果,可进行多点平滑,以清晰评估平均推力,如图 5-8(c)所示。

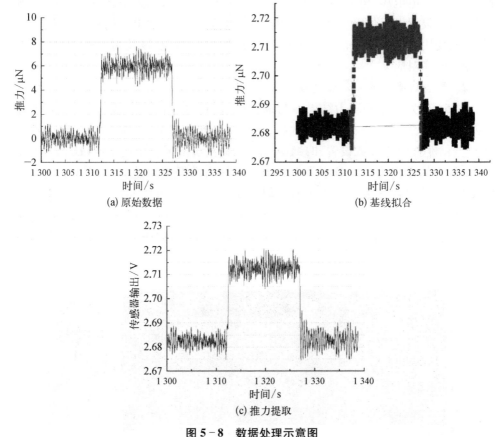

(a) 原始数据

(b) 基线拟合

(c) 推力提取

图 5-8   数据处理示意图

3. 测试结果

对试验工况的说明如下。

（1）试验中使用的模拟电帆的材质为铜和不锈钢丝，与任务书指标相同。

（2）经调试和前文的测力台架标定试验可知，本推力测试系统的测力量程为 1~1 000 μN，测力精度约为 1 μN，分辨率优于 0.5 μN。

（3）电帆地面验证试验中，实际施加的电源电压在 1 000 V。

（4）电帆地面验证试验中，霍尔推力器的额定功率为 5 kW，这里详细测试了在 2 kW 功率下，等离子体中的模拟电帆受力情况。

具体试验中，按照电流、电压每次增加一个参数的原则，从 0 V/0 A，逐步增加到了 1 000 V/5 A。图 5-9 为电流设置为 5 A，电压从 300 V 增加到 1 000 V 的推力曲线。

由图 5-9 可见，模拟电帆加载电压时，电帆会在推力器羽流的离子作用下产生推力，推力在 0~50 μN 的范围。试验中，有时推力器基线会有明显上升或下降,其可能的原因是电帆加载电压影响了推力器的羽流形状或发动机状态,即便如此,基线拟合后的推力测试结果仍具有良好的信噪比,推力测试精度可信。

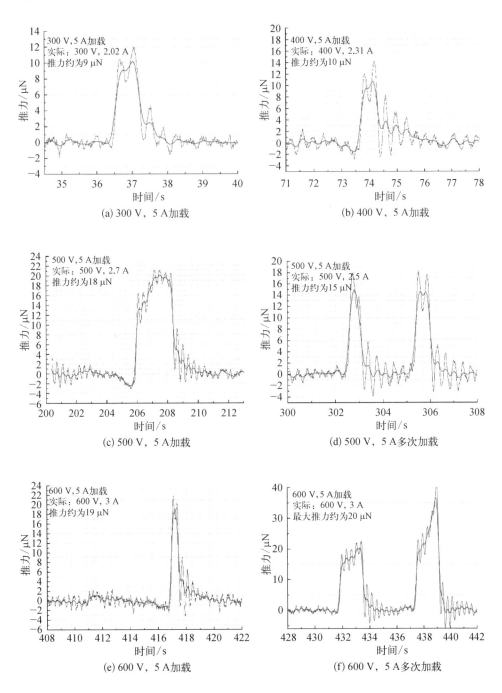

(a) 300 V，5 A加载

(b) 400 V，5 A加载

(c) 500 V，5 A加载

(d) 500 V，5 A多次加载

(e) 600 V，5 A加载

(f) 600 V，5 A多次加载

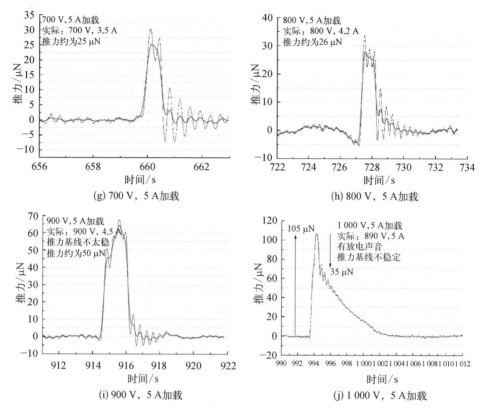

图 5-9　电帆加载的推力测试结果

在 200~1 000 V,1~5 A 的加载电压和电流下,实际电压或电流会达到电源限压/流,而推力整体随着电压、电流的增加而增加。这都证明了本电帆验证试验是成功的。在真空中,施加电场于等离子羽流中,能够产生推力。

将上述工况和测量结果汇总于表 5-1 中,测量结果汇总如图 5-10 所示。

表 5-1　测试结果汇总表

加载电压 V/电流 A	实际电压/V	实际电流/A	实测推力/μN
300/5.0	300	2.02	9.0
400/5.0	400	2.31	10.0
500/5.0	500	2.7	18.0
500/5.0	500	2.5	15.0
600/5.0	600	3.0	19.0
600/5.0	600	3.0	20.0
700/5.0	700	3.5	25.0
800/5.0	800	4.2	26.0

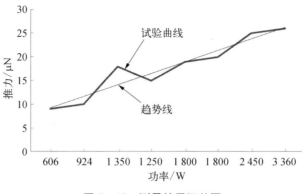

图 5-10 测量结果汇总图

4. 小结

通过试验结果可以看出,随着带电导线上的电压和电流增加,加载在导线上的推力呈增长趋势,试验初步证明了电帆工作的可行性。

5.2 电动力绳系的试验验证

5.2.1 地面交换电荷的试验与相似条件

要想真正了解空心阴极的 C-V 曲线,必须进行空心阴极地面试验。本章介绍了进行空心阴极地面试验需要的设备,以及地面试验实施方案,最后对目前的大部分空心阴极测量设备进行了介绍。

1. 缩比准则

1) 中等负偏置电压下 C-V 特性的一维分析模型

本节采用一维模型对接触器中等负偏置电压下的 C-V 特性进行分析。模型采用 PK 模型,该模型是一个简化的一维模型,假定认为等离子体是准中性的(即羽流区域离子密度等于电子密度)。

模型中假设从阴极接触器出来的离子、电子是在一个等离子体球形区域中产生的,且球对称地在空间膨胀扩散到周围空间等离子体中。模型只考虑图 5-11 中位于 r_p 与 r_o 区域间的电势结构,该区域称为等离子体接触器羽流核心区;其中,假设接触器中所有电离碰撞都只发生在 r_p 内,包括空心阴极出口小孔通道的内部电离羽流中的外部电离,这里称为内核区;r_o 为等离子体羽流与空间等离子体的接触边界。将空心阴极接触器的羽流结构假设为球对称是合理的,以往试验测量观察到的空心阴极羽流参数分布也近似成球对称分布。图 5-11(b)示出了典型的空心阴极羽流区中等离子体电势随阴极出口距离的变化及本书的模型分析区域。r_p 之前的等离子体电势 V_p 升高区域对应空心阴极的外部电离区域,从空心阴极出来的主电子与从阴极出来的中性原子在该区域会发生电离碰撞,由于中性原子质量分数在离阴极出口处较高,电离碰撞概率大,从而在该区域会产生较多离子,V_p 会有一个升高的过程,在流量较大、发射电流较大的情况下,通常该电势最大值大于触持极电势 V_D。在随后的羽流核心区中,考虑四种组分:接触器出口的电子和离子,以及空间环境等离子体中的电子与离子。四种组分在核心区的对流行为取决于阴极与空间环境的电势差 ΔV_C、接触器出口和环境的等离子体参数。

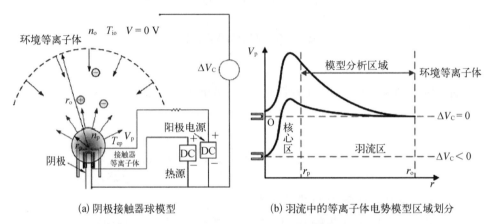

(a) 阴极接触器球模型　　　　　(b) 羽流中的等离子体电势模型区域划分

图 5‑11　阴极接触器的连接电路与球对称模型及电势分布

　　这里模型中考虑的发射电流范围为 0~5 A。考虑接触器从空间环境收集的电子,该对流会减小从接触器发射到空间环境的净电子电流。建立的模型可用于预测偏置电压 ΔV_C 与接触器净发射电流大小的关系($C-V$ 曲线)。需要注意的是,这里分析的情况是阴极相对环境偏置负电压时的情况,ΔV_C 表示的是负偏置电压的绝对值,ΔV_C 越大意味着负偏电压和净电子发射电流越大。

　　图 5‑12 给出了一个典型中等负偏置电压的等离子体接触器羽流电势结构。

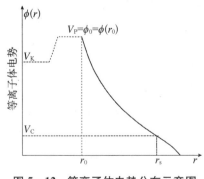

图 5‑12　等离子体电势分布示意图

其中,V_K 为空心阴极接触持极相对试验地的电位,V_C 为阴极相对试验地的电位(也称偏置电压)。将 V_p 认为是等离子体电势的最高点,其不小于环境等离子体电势,且认为所有电离均已在此区域之前($0 \sim r_0$)完成,r_0 为研究区域的初始点,等离子体电势在所研究的区域内($r_0 \sim r_s$)单调递减。另外,所有粒子的运动(仅分析离子和电子)都认为是呈球形对称的,即把等离子体接触器出口中心看成一个虚拟的点,其喷射的等离子体均匀地向空间各个方向运动,其等电势面为一层层分布的球面,且在每个等电势面上,离子和电子的密度相等。

模型通过中性原子的损失率来计算离子电流,假设在 1 s 内每个电子都运动一定的空间(空间平均截面为 A, 平均通道长度为 l),然后与中性原子进行碰撞,共从阴极处产生了大小为 I 的电子电流(包含触持极电流 I_k 和发射电子电流 I_e, 即 $I = I_k + I_e$),有

$$v_n \frac{dN_n}{dx} = - N_n \frac{I}{qA} \sigma \tag{5-1}$$

其中, v_n 为中性原子运动速度; σ 为平均碰撞电离截面; q 为单位电子电荷量大小。将式(5-1)在 $[0, l]$ 积分,并将中性原子转换成电流形式[对于氙气, $I_{n0} = 0.071\,8F$(空间平均截面 A), 其中体积流量 F 单位为 sccm],就得出了离子电流和工质流量的关系:

$$I_i = I_{n0} \left[1 - \exp\left(- \frac{I\sigma l}{qAv_n} \right) \right] \tag{5-2}$$

在初始球面上,离子电流可以根据初始条件得出,有

$$\frac{I_i}{q} = 4\pi r_0^2 N_0 V_0 \tag{5-3}$$

在稳态膨胀情况下,任一半径电势球面下的离子密度为

$$N(r) = \frac{I_i/q}{4\pi r^2 [V_0^2 + 2(\phi_0 - \phi)/M]^{1/2}} \tag{5-4}$$

其中, M 为离子质量; V_0 为离子初始速度,等于博姆声速,即 $V_0 = \sqrt{\theta/M}$, θ 为电子温度。对于电子分布,在初始球面上认为电子能量是呈麦克斯韦分布的,其分布函数如式(5-5)所示, B 为无量纲常数。

$$f_0 = Be^{-\frac{mv_0^2}{2\theta}} \tag{5-5}$$

其中, v_0 为电子速度; θ 为电子温度。初始球面上的电子能量大小不一致,导致在稳态时每一个半径 r 的球面上都存在返流电子(能量低,无法穿越等离子体自身电势建立的势阱)和逃逸电子(能量高,能顺利到达边界区域)。在边界远场($\theta = 0$)区域,可以得出由所有逃逸电子形成的电子发射电流 I_e:

$$I_e = I_s e^{-\phi_0/\theta} \left(1 + \frac{\phi_0}{\theta} \right) \tag{5-6}$$

其中,I_s 为饱和发射电流,即当 $\phi_0 = 0$ 时获得的电子发射电流,其表达式如下:

$$B = \frac{2}{[4\pi(\theta/m)\, r_0]^2}\frac{I_s}{q} \qquad (5-7)$$

在任一半径为 r 的球面上,如果知道其电势 ϕ,则可以通过能量积分分别求出两种电子的数密度,将其加和,便能得出此球面上的电子总数密度:

$$n = \frac{I_s/q}{4\pi r_0^2\left(\dfrac{\theta}{m}\right)^{1/2}}2\sqrt{2}\,\mathrm{e}^{-\phi_0/\theta}\left[G_+ + \left(\frac{\phi}{\theta}\right) - \left(1 - \frac{r_0^2}{r^2}\right)^{1/2}H\left(\frac{\chi}{\theta}\right)\right] \qquad (5-8)$$

其中,

$$G_\pm(y) = \mathrm{e}^y\left(\frac{\sqrt{\pi}}{4}(1 \pm \mathrm{erf}y^{1/2}) \mp \frac{1}{2}y^{1/2}\mathrm{e}^{-y}\right) \qquad (5-9)$$

$$H(y) = \begin{cases} G_-(y), & y > 0 \\ \dfrac{\sqrt{\pi}}{4}\mathrm{e}^y, & y \leqslant 0 \end{cases} \qquad (5-10)$$

$$\chi = \frac{\phi - (r_0^2/r^2)\,\phi_0}{1 - (r_0^2/r^2)} \qquad (5-11)$$

同时,由于初始边界上的电势 ϕ_0 不低于环境等离子体电势,因此也会吸收环境中的电子。将环境等离子体的电子速度分布认为是均匀的,来源于环境的电子会在到达初始球面 r_0 时被吸收,或者在接近 r_0 时因具有角动量再回到无穷远处,其在不同半径球面上的密度为

$$I_a = I_{a0}\left(1 + \frac{\phi_0}{\theta_a}\right) \qquad (5-12)$$

其中,

$$I_{a0} = 4\pi r_0^2 q n_{a0}\left(\frac{\theta_a}{2\pi m}\right)^{1/2} \qquad (5-13)$$

对于离子密度,有

$$N_a = n_{a0}\mathrm{e}^{-\phi/\theta_a} \qquad (5-14)$$

因为假设在每个球面上等离子体是准中性的,即离子密度等于电子密度,于

是有

$$N(r, \phi) + N_a(r, \phi) = n(r, \phi) + n_a(r, \phi) \qquad (5-15)$$

将各个函数的具体表达式代入,可得到等离子体接触器的电子发射电流和其相关工作参数之间的关系。如果忽略环境等离子体电流(很微弱),则可得到:

$$\frac{2}{\sqrt{\pi}} \frac{G_+ (\phi_0/\theta)}{1 + (\phi_0/\theta)} I_e - \frac{1}{\sqrt{2\pi}} \left(\frac{\theta}{mV_0^2}\right)^{1/2} I_{n0} \left(1 - \mathrm{e}^{-\frac{l_k + l_e}{l_C}}\right) = 0 \qquad (5-16)$$

其中,I_C 是一个表征接触器电离性能的参数(即发射电流),其具体表达式为 $I_C = qAv_n/\sigma l$。通过式(5-16),可估算出接触器在相应工作条件下的 $C\text{-}V$ 特性曲线。

图 5-13 给出了 PK 模型预测得到的 HCPC 羽流的电势分布,可以看出,空心阴极出口处的初始电势及电子温度对等离子体羽流的电势结构、电势梯度影响很大;在初始电势相同的条件下,初始电子温度越高,等离子体羽流的电势梯度越大。电势结构的改变会影响返流电子和逃逸电子的数量,进而影响空心阴极接触器的 $C\text{-}V$ 曲线。第 2)节还重点讨论了地面真空舱应满足的最小尺寸要求及确定方法,如果真空舱过小,则真空舱中等离子体的电势结构、电势梯度等偏离实际无限大真空环境下等离子体自由膨胀射流的电势结构,从而可能得到"失真"的 $C\text{-}V$ 曲线。

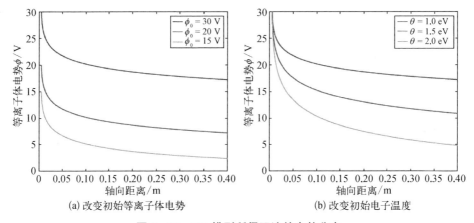

(a) 改变初始等离子体电势 (b) 改变初始电子温度

图 5-13 PK 模型所得羽流的电势分布

2)羽流区边界 r_o 值与地面真空舱直径

当接触器在轨工作时,其边界条件是无穷远;当接触器进行地面试验时,真空舱提供的边界却是有限的。这样的边界差异可能会造成接触器实际在轨工作和地面试验不相符。本节根据接触器羽流边界的变化情况,讨论了地面试验情况下真空舱尺寸应满足的最小尺寸要求(必要性条件),为实际地面试验设计或选取真空舱提供基本依据。

图 5-14 给出了文献中空心阴极接触器羽流等离子体电势分布的地面测量结果。该试验中使用的空心阴极尺寸与 ISS 上使用的空心阴极接触器相当。测量工况为流量 4.0 sccm,净发射电流为 0.5~10 A。由图 5-14(a) 可以看出,在离阴极接触器出口 10.0 cm 处,羽流核心区中等离子体电势随着距离的增加[图 5-14(b) 的模型计算中假设内核区距离为 8.0 cm,与这里的试验测量吻合] 而逐渐下降,直至接近环境电势(约 0 V),电势急剧下降阶段主要集中在靠近空心阴极的羽流区前部。当 J_{net}(即发射电流 I_C)大于 1.0 A 时,随着净发射电流的增加(ΔV_C 增加),接触器出口处的 V_P、r_P 下降,羽流核心区边界 r_o 也缩小;当 J_{net} = 1.0 A 时,r_o = 0.76 m 处电势才明显接近 0;当 J_{net} = 5.0 A 时,r_o 约缩小到 0.53 m;直至 J_{net} = 10.0 A 时,ΔV_C 达到最大,空心阴极出口处的等离子体电势相对于环境电势为负值,此时的羽流区电势结构变为从出口处的负电势逐渐升高到环境电势,与净发射电流为 1.0~5.0 A 时的羽流核心区半径相比,r_o 缩小到约 0.42 A。当发射电流 J_{net} 为 0.5 A 时,由于空心阴极出口处的电离度仍然很低,与大发射电流时的情况相比,等离子体电势较低,r_o 也较小,与 J_{net} 大于 10 A 时的 r_o 值相当。

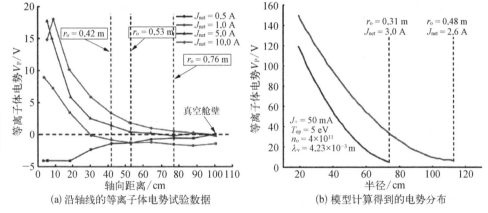

(a) 沿轴线的等离子体电势试验数据 (b) 模型计算得到的电势分布

图 5-14　等离子体电势试验与理论对比

为了能在地面上真实反映空心阴极接触器在空间自由膨胀的情况,以及减小真空舱壁面鞘层的影响,真空舱直径应大于羽流核心区的外边界 r_o(在此边界,空心阴极羽流等离子体电势接近 0 V)。值得注意的是,如果真空舱直径小于实际自由膨胀的 r_o 边界,则会人为地造成羽流区电势下降梯度的增加,羽流区等离子体参数分布发生变化,电子更容易被加速至舱壁吸收,从而可能会导致在相同的发射电流下(流量不变),所需的 ΔV_C 下降。对图 5-14(a) 的试验数据进行分析,可以看出,在所有工况中,中等负偏置电压、中等发射电流(1~5 A)所对应的羽流核心区

半径 r_o 最大,因此在确定真空舱直径时,只需针对该情况进行理论计算及预测。图 5-14(b)给出了典型空间环境下羽流电势结构的预测结果,背景等离子数密度 $n_o = 4 \times 10^{11}/\mathrm{m}^3$、背景电子温度 $T_{eo} = 0.13$ eV,为 340~400 km 地球轨道高度的典型环境参数,接触器出口电子温度取 $T_{eo} = 5$ eV,V_p 处的离子束电流取 50 mA。考察的净发射电流分别为 2.6 A 与 3.0 A(对应的 ΔV_C 在 15 V 左右)。模型预测的羽流区电势结构、下降趋势与试验测量结果非常相似,当负偏电压绝对值 ΔV_C 增大时,即发射电流增大时,r_o 的预测值减小;这与图 5-14(a)试验数据反映的规律一致,也验证了 PK 模型的合理性。

　　图 5-15 给出了由 PK 模型进一步预测得到的不同工况条件及关键等离子体参数对 r_o 的影响。图 5-15 中 B~E 基础工况参数为 $n_o = 4 \times 10^{11}/\mathrm{m}^3$,$T_{eo} = 0.13$ eV,$T_{ep} = 5$ eV,$J_+ = 50$ mA。其中,空心阴极出口处的离子束电流 J_+、电子温度 T_{ep}、初始离子能量 E_i、背景等离子数密度 n_o 都对 r_o 有较大影响。J_+ 单独增加时,r_o 减小;T_{ep} 或 n_o 减小时,r_o 增加。计算的 r_o 值为 0.3~0.5 m,虽然如图 5-15 所示,试验测量的大部分工况在 0.53 m 以前,羽流区电势已急剧下降并且开始放缓,但试验测量得到的 r_o 值仍然比一维模型计算的要大。

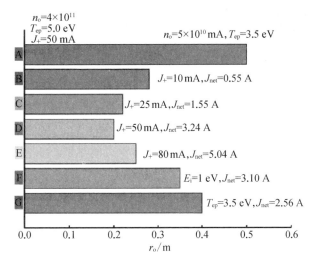

图 5-15　不同工况下计算得到的羽流核心区外边界 r_o 值
(左上角列出的是基准对比参数)

　　产生误差的原因主要有:① 实际的电势结构不是完全的球对称,而更倾向于是扁椭球形,等离子体更趋于集中在放电阴极轴线,因而羽流区的轴向尺寸更大一些。② 在等离子体稀薄的区域,电势的探针测量结果误差较大。③ 按 V_p 接近 0 V 的条件判断 r_o 值的误差也较大。考虑到上述(正负)误差的影响,在实际估算真空舱直径时,为保守起见,需要在 PK 模型的理论计算值上乘上一个修正因子。根据上述试验和理论计算的对比误差,修正因子取 1.5,因而针对上述空心阴极工况参数范围,真空舱半径 r 应至少取 1 m,才能够满足目前的工况指标范围,不会和实际真空环境下的等离子体羽流的自由膨胀过程及 C-V 曲线有太大的差别。

2. 地面试验设备

1) 空心阴极

空心阴极为此次地面试验的关键元件,试验就是为了考察其与环境等离子体的电荷交换能力。图 5-16 为根据设计图纸加工出的空心阴极等离子体基础器实物图。金属光泽凸字形的法兰为触持极,其作用主要为对空心阴极点火并提供维持空心阴极放电的能量;轴心处的小孔为触持极孔,在放电过程中,等离子体从此孔出来,与环境等离子体进行电荷交换。金属光泽圆板形的法兰为阴极法兰,与阴极管焊接在一起,并作为整个空心阴极的主受力部件;阴极管的作用是装载发射体,将氙气流进行节流并维持一定的气体压力。触持极法兰和阴极法兰之间通过螺栓与绝缘陶瓷进行固定安装。阴极管和加热器在触持极内部,无法从外部观察得到。

图 5-16　空心阴极实物图

2) 真空系统

真空系统是除空心阴极之外最关键的设备,为地面试验提供必要的真空环境。在空心阴极的地面试验系统中,真空系统属于最难搭建的子系统,其部件多、体积庞大、控制复杂、价格昂贵。在此次的地面试验中,使用的是北京理工大学现有的真空系统,其主要构成如图 5-17 所示。

真空舱是用于保持内部真空环境的密封容器。试验采用的真空舱直径 2 m,长度约为 4 m,舱体材料为不锈钢。真空抽气机组用于完成真空舱的抽真空,由机械泵和扩散泵组成,可以将真空舱抽至 10^{-5} Pa 量级的真空度。

3) 气路系统

空心阴极工作需要流量稳定的、纯度较高的氙气,气路系统的任务是将纯度较高的氙气从高压气瓶取出,并以一定流量持续不断地输入空心阴极的阴极管内。同时,气路系统不能有任何泄漏点。气瓶系统为气路系统的气源,其包括 4 L 铝瓶和调压阀,如图 5-18 所示。由于空心阴极工作时必须给阴极管持续供给一定流量的氙气,因此需要流量控制系统对从气瓶系统出来的氙气流进行精确控制。图 5-18(b) 为此次地面试验的流量控制系统,其包含一个流量控制器和流量控制平台,系统的控制和测量精度为 0.01 sccm。

(a) 真空舱

(b) 真空抽气机组

图 5–17　北京理工大学真空系统

(a) 气瓶系统

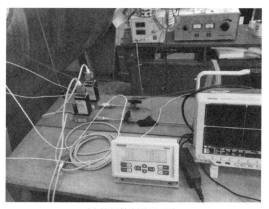

(b) 流量控制单元系统

图 5–18　气路系统

4) 电源系统

空心阴极的工作离不开一套完整的电源系统,电源系统向空心阴极提供预热、点火和维持所需的电源。一般情况下,空心阴极地面试验需要 4 个电源,分别是触持极点火电源、触持极维持电源、加热器电源和阴极负偏置电源,表 5-2 给出了北京理工大学具有的相关电源。需要说明的是,空心阴极地面试验也有使用 3 个电源的情况,即将触持极点火电源和触持极维持电源合为一个电源,利用电源的过流保护来实现点火和维持间的切换。下文的地面试验方案是按 3 个电源来说明的。

表 5-2　空心阴极所需电源

用途(直流稳压隔离电源)	规　格	数　量	显示精度	测量精度
触持极点火电源	300 V,1 A	1	0.01 V,0.01 A	0.5%全量程
触持极维持电源	600 V,20 A	1	0.1 V,0.1 A	
加热器电源	40 V,20 A	1	0.01 V,0.01 A	
阴极负偏置电源	600 V,20 A	1	0.1 V,0.1 A	

3. 地面试验方案

在进行空心阴极地面试验前,需制定相应的地面试验方案,根据调研及经验,一般 HCPC 地面试验主要可采用两种方案,一种使用环境等离子体模拟源,另一种不使用环境等离子体模拟源。前者难度较大,但获得的真空环境更接近太空环境;后者虽然真空环境不够实际,但这种方案得出的接触器性能是属于恶劣情况下的数据,以这种方案得出的接触器性能具有更大的余量。

1) 方案 1——使用环境等离子体模拟源

模拟源的要求与种类如下:使用的空间等离子体模拟源可采用专门的 LEO 等离子体模拟源,该类等离子体源出口可得到密度较低、电子温度 0.2 eV、等离子体电势 0.5 V 的等离子体,与真实环境更为接近。如果没有该类专门的模拟源,也可采用空心阴极做模拟源。模拟源工质使用 Ar,模拟源的具体流量可根据需要模拟的背压值及接触器的流量来调整。

线路连接方案参见图 5-19。真空舱表面接地;偏置电源的正极接地,负极接阴极;加热器电源的正极接加热丝,负极接阴极;触持极电源的正极接触持极,负极接阴极。模拟源与接触器在真空舱内的布置方案见图 5-20,如果空间等离子体模拟源也为空心阴极,两者的间距应在 2 m 以上(考虑两个阴极间各自的羽流区边界及环境等离子体的均匀性),并尽量安放在真空舱的中心处。

2) 方案 2——关闭环境等离子体模拟源

相关方案与方案 1 基本相同,只是方案 2 不使用模拟源。方案 1 和方案 2 按表 5-3 的工况进行测量,并进行比较,评估环境参数对接触器 $C-V$ 曲线的影响,具体实施方案在表 5-3 中列出。

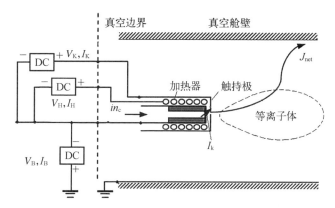

图 5－19　接触器（空心阴极）连接电路方案

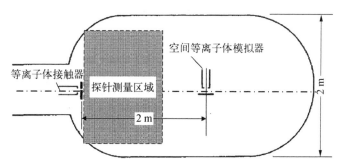

图 5－20　真空舱布置方案

表 5－3　试验工况表

空间环境模拟源开			空间环境模拟源关		
接触器流量 F	发射电流 I_e	备　　注	接触器流量 F	3.283 0	备　　注
Xe,2～10 sccm 间隔 ΔF = 1 sccm	偏至电压 0～50 V,改变偏至电压;记录下偏至电压及相应 I_e 的测量值	① 空间环境等离子体模拟源的流量（Ar）根据接触器流量和模拟的背压要求调整;② 分别测量 4 sccm、8 sccm 下,J_{net} = 0.5,1,3,5 A 时的等离子体参数分布	Xe,2～10 sccm, 间隔 ΔF = 1 sccm	偏至电压 0～50 V,改变偏至电压;记录下偏至电压及相应 I_e 的测量值	分别测量 4 sccm、8 sccm 下,J_{net} = 0.5,1,3,5 A 时的等离子体参数分布

4. 等离子体参数测量

在空心阴极地面试验中,可以采用朗缪尔单探针、朗缪尔三探针、发射探针及阻滞电势能量分析仪（retarding potential analyzer，RPA）进行典型工况下接触器羽流区等离子体参数分布测量,特别是等离子体电势沿轴线距离的变化（用发射探针测量更准确些）,测量范围为接触器出口的 1 m×1 m 范围（只测对称的一半）,见图 5－21。测量结果可以与模型预估的电势分布和本节预估的 r_o 值进行对比及相互印证,并在此基础上利用模型来判断实际环境下的 C - V 特性。下面介绍相关的测量仪器设备。

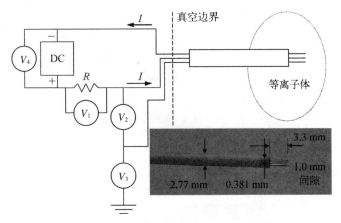

图 5 - 21   朗缪尔三探针电路及实物图

(1)朗缪尔单探针:朗缪尔单探针是得到等离子体参数最基本的诊断方法。把探针伸入等离子体中,通过扫描电源进行扫描,记录不同扫描电压下对应的探针电流,生成伏安特性曲线,通过对曲线的分析计算,可以得到等离子体悬浮点位、空间电位、电子温度、等离子体密度等参数。

(2)朗缪尔三探针:朗缪尔三探针基于与朗缪尔单探针同样的原理,用三个电极代替一个电极。它的优势在于不需要额外的扫描电压就可以快速地得到等离子体电势、电子密度、电子温度等参数。它是瞬态等离子体参数测量的有力工具,电路及实物如图 5 - 21 所示。

(3)发射探针:发射探针因其本身具有发射热电子的特性,即使在非理想条件下确定的等离子体电位,也比传统的朗缪尔探针更加准确,并且使用更加简便快捷的浮动法来测空间等离子体电势,这样可以快速测量空间等离子体电势变化。其电路及实物如图 5 - 22 所示。

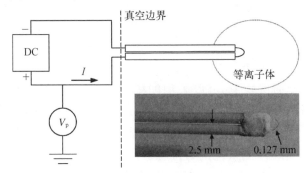

图 5 - 22   发射探针电路及实物图

（4）RPA：RPA 是一种用来测量等离子体能量分布的诊断仪器。它通过对其中一级栅网施加正偏置的扫描电压,使具有选择能量的离子通过。记录采集板电流和相应扫描电压,形成伏安特性曲线,对曲线进行一阶求导,就得到离子能量的分布。图 5 - 23 为其示意图及实物图。

图 5 - 23　RPA 示意及实物图

5. 地面试验验证方法

由于飞行试验十分昂贵,地面试验成为空间交换电荷技术研究的关键。空间交换电荷技术地面试验主要考察电流回路的形成原理、过程及其影响因素,下面将针对由"绳系"和"HCPC"组成的空间交换电荷系统,简要提出地面试验方案。

表 5 - 4 给出了整个地面试验方案明细,图 5 - 24 给出了地面方案示意图。在表 5 - 4 中,通过实施所有方案序列号完成地面试验,其中,1、2、3、6 为改变工况操作,前三项可在试验过程中完成,而 6 必须停止试验,因此,6 的工况必须根据情况合理设置。4、5 为数据采集,4 中数据主要用于分析在不同工况下空间交换电荷系统自发完成电流回路的原理、过程及性能参数,5 中数据主要用于测量初始背景等离子体参量(交换电荷系统未启动)和测量工况对交换电荷系统周围等离子体参量的影响(交换电荷系统启动)。

表 5 - 4　空间交换电荷技术地面试验方案汇总

方案序列号	试验方案明细	说　明
1	调节氙气流量 $F = 2,4,6,8,10$ sccm(基准流量 $F = 6$ sccm)	—
2	调节等离子体源工作情况,改变背景等离子体参量(基准环境根据设备自由选取)	背景等离子体参量需通过探针系统诊断得知
3	调节直流电源电压	从 0 开始直至 500 V,设置等间隔电压档位
4	采集电压 U,U_A,U_C,电流 I	均记录其与时间的关系,处理后用平均值表征
5	利用探针系统对真空舱内等离子体区域进行等离子体参量测量	主要测量得到的参量为等离子体电势、密度分布、电子温度
6	改变绳系长度 L、结构及其尺寸、材料	结构分为带状绳和圆柱状绳;材料分为铝和石墨烯涂层

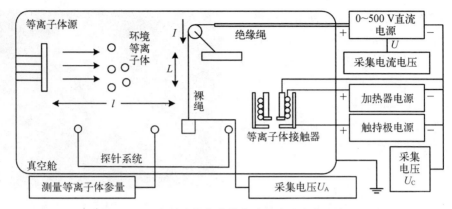

图 5-24   空间交换电荷技术地面试验方案示意图

5.2.2   绳系释放过程的地面试验

EDT 地面释放试验平台的搭建对模拟绳系在空间的释放过程尤为重要,可以为实际的空间任务试验提供数据参考。

EDT 地面试验平台的搭建有垂直式和卧式两种设计方案,垂直式方案设计比较典型的是日本 KITE 项目中轨道绳系部署动力学的研究。图 5-25 为测试绳系自由落体试验的装置。卷筒内的绳系在轴上悬挂,其出口朝下,并连接到高灵敏度力传感器。绳系由自由落体高度 1.5 m 处展开,解开并释放绳系,当绳系释放长度达到 1.5 m 时,展开速度为 4~5 m/s。图 5-26 为测量绳系展开摩擦力的装置。绳系展开时可能会卡在绳索卷轴和卷筒壳体(上侧或底部)之间,或在卷筒表面的绳系之间。通过对绳系施加足够的张力,绳系部署可以重新启动,重新启动绳系部

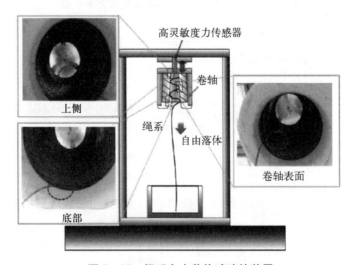

图 5-25   绳系自由落体试验的装置

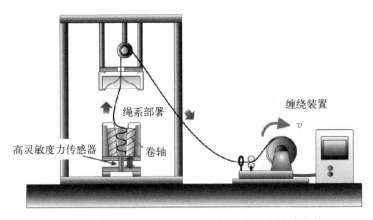

图 5 - 26　绳系展开试验用于测量展开摩擦力的试验装置

署的张力需要大于部署摩擦力。在这个测试中,重新启动的张力的最大测量值是
0.24 N。

　　考虑到该试验的主要目的是测试摩擦力与绳系释放速度的关系,而垂直式
的试验平台虽然节省了不少空间,在较小的空间内就可进行试验,但由于绳索是
通过电机的转动被拉出线轴的,绳索需要在线轴上方经过一个滑轮来改变其运
动方向,以连接到电机,这个滑轮的存在增加了绳系运动中的摩擦力,将对试验
测量的结果有不可忽略的影响。因此,本试验所搭建的平台最终选取了卧式方
案,在卧式方案中,线轴、张力传感器及连接在电机轴上的绳系回收绕线轴是处
于一个水平面上的,不需要额外的机构对绳索的方向做出改变,这也符合在实际
空间中 EDT 的释放过程,绳系释放的方向在重力梯度的影响下几乎是竖直指向
地心的。事实上,经过对比发现,卧式方案所占用的空间与垂直式方案所占用的
空间是差不多的,进一步的计算表明,卧式 EDT 地面试验平台所占用的空间与
一个尺寸为 1 200 mm(长)×600 mm(宽)×1 000 mm(高)的长方体所占的空间大
致相同。

　　从图 5 - 27 建模的地面试验平台可以看到,平台最右侧是 EDT 释放机构及其
基座,其中释放机构包括线轴机构、制动机构和弹射机构。

　　绳系缠绕在线轴机构中的线轴上,然后从线轴伸入制动机构,经过制动机构的
控制后进一步伸出,缠绕到张力传感器上,最后固定在绕线轴上。绕线轴通过联轴
器与电机轴保持相同转速(该转速可用转速仪进行测量),在电机的带动下,使绳
系跟着绕线轴转动,自身产生张力,带动张力传感器上的滑轮旋转,将线轴上的绳
系逐步缠绕到绕线轴上。经过这一系列的绳系运动,可测出一段时间内绳系的张
力变化、速度变化,经过对数据的分析和整理,即可获取绳系释放后张力随时间的
变化关系、速度随张力变化的关系等。

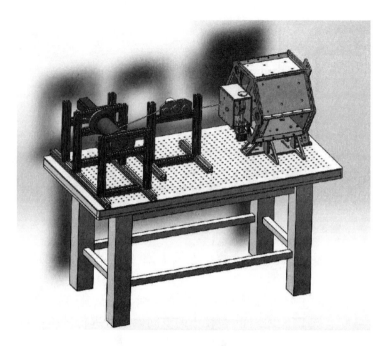

图 5 - 27　地面试验平台模型

5.2.3　动力学缩比准则及气浮台试验

东京工业大学、NASA 的马歇尔航天飞行中心与南京航空航天大学机械结构力学及控制国家重点实验室等学校或研究机构均利用气浮台对空间绳系卫星的动力学进行仿真。图 5 - 28 为南京航空航天大学自行研制的绳系卫星仿真试验平台,该平台由基础平台、光学测量、计算机控制、收放机构等组成,由光学测量系统获取卫星仿真器的位置及姿态信息,计算机控制系统获取状态信息后,在线进行控制率求解并通过通信系统发送控制指令至绳系收放机构。该系统的特色在于通过天-地动力学相似准则,由喷气来实现空间动力学环境。

以 TSS - 1 系统为例,设系统的运行轨道为半径 R_0 的未受扰圆轨道,子星质量 m_1,忽略绳系弹性和质量,且令主星质量远大于子星质量,以致主星轨道运动不受子星运动的影响。子星的面内运动方程为

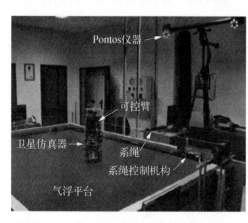

图 5 - 28　南京航空航天大学气浮试验平台

$$\begin{cases} l_1\theta''_1 + 2l'_1\theta'_1 = 2\Omega l'_1 - 3l_1\Omega^2\sin\theta_1\cos\theta_1 \\ l''_1 - l_1\theta'^2_1 = -2\Omega l\theta' + 3l\Omega^2\cos^2\theta_1 - T/m^2_1 \end{cases} \qquad (5-17)$$

式中,撇号表示相对于时间 t 的导数; Ω 为系统轨道角速度,且角位移有 $v = \Omega t$; l_1 和 θ_1 分别为绳系长度和子星俯仰角; T 为绳系张力。

　　地面试验系统原理为用气浮轴承支撑绳系卫星在光滑平台上运动,绳系的收放则由固定于平台一端的辅助计算机控制,质量为 m_1 的子星仿真器上装有两组喷管,可提供径向和法向上的喷力 F_θ 及 F_l,以模拟重力梯度力和科里奥利力,忽略子星的姿态运动及绳系的质量和弹性,绳系长度及摆角分别为 l_2 和 θ_2,可得地面试验系统动力学方程为

$$\begin{cases} l_2\theta''_2 + 2l_2{}'\theta_2{}' = F_\theta/m_2 \\ l''_2 - l_2\theta_2{}'^2 = (F_l - T)/m_2 \end{cases} \qquad (5-18)$$

若令

$$\begin{cases} F_\theta = m_2\Omega(2l'_1 - 3l_1\Omega^2\sin\theta_1\cos\theta_1) \\ F_l = m_2\Omega l_1(3\Omega\cos^2\theta_1 - 2\theta'_1) \end{cases} \qquad (5-19)$$

则天-地动力学相似条件达成,从而达到地面试验系统对空间动力学环境的要求。若进一步考虑子星的姿态运动,则可更为全面地进行动力学仿真模拟。

第 6 章
电帆和电动力绳系推进系统的研制

6.1　电帆推进系统的研制

6.1.1　展开机构的研制

1. 产品组成及原理

1) 组成

电帆展开机构由电机、圆柱环组件、线轴、锁紧装置及结构件等组成。其中,电机采用混合式步进电机;导电环采用叠装式圆柱滑环,设有 8 个通道,为电帆导线供电,并集成了电位计测角功能;锁紧装置包括支架、末端质量块、电磁铁及导向装置等部分。电机、轴承组件、锁紧装置均安装在一块 100 mm×100 mm 的基板上。图 6-1(a)为产品轴测图。

2) 连接关系

(1) 圆柱环组件:由环体轴、刷架座、刷丝组件等组成,刷架座、刷丝组件为转动部分,在电帆展开过程中相对于卫星转动,刷丝与线轴上的电帆导线相连。环体轴组件为固定部分,固定在环体轴安装座上,如图 6-1(b)所示。

(2) 线轴:固定安装在圆柱环组件的外侧。

(3) 电机:电机定子安装在基板上,电机转子与圆柱环组件的大端盖相连。

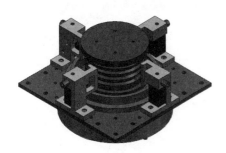  

(a) 轴测图　　　　　　　　(b) 圆柱环组件　　　　　　(c) 锁紧装置

图 6-1　电帆展开机构三维示意图

（4）锁紧装置：支座安装在基板上，末端质量块安装在锁紧装置的支架中，在整星自旋展开时，锁紧装置中的电磁铁输出轴收拢，完成解锁，末端质量块在离心力作用下脱离锁紧孔，如图 6-1(c) 所示。

3）工作原理

首先，展开机构电机通电，整星自旋，直至展开角速度。电磁铁通电，锁紧杆收拢，末端质量块在离心力及弹簧弹力共同作用下带动电帆导线以相同的角速度转动。然后，电磁铁断电，电机驱动线轴沿着绕线相反方向低速转动，电帆导线逐步展开，电机在电帆完全展开后断电。最后，电帆在整星自旋角速度下维持形状，展开完成。

2. 产品各组成方案设计

1）线轴

线轴（图 6-2）采用绝缘材料机械加工成形，线轴根部设计穿线孔，供电帆导线与滑环各通道的刷丝相连，电帆导线按顺时针（俯视）缠绕在线轴上。

| (a) 截面图 | (b) 外形图 |

图 6-2　线轴

为防止在绕线及展开过程中发生缠绕，线轴表面设计 4 个独立的 V 形槽，供电帆绕线；4 个绕线槽内分别设置 1 个穿线孔，4 个穿线孔在圆周方向上间隔 90° 均布，用于电帆导线与内部圆柱环进行电相连；线轴内部设置走线槽，用于内部走线及焊点固定，防止焊点及刷丝等连接部分受力。此外，根据导线硬度、强度要求，电帆导线采用漆包线或钼丝；根据结构尺寸，末端质量块采用黄铜或铅。

2）圆柱环组件

圆柱环组件由环体轴组件（图 6-3）、刷架组件、刷架座等部分组成，采用叠装式导电滑环，运动模式与卫星中太阳能帆板驱动机构（solar array drive mechanism，SADM）中的信号环相同：环体轴组件与安装座连接，相对于卫星固定不动；刷架座及刷丝组件在电机驱动下同步转动。

圆柱环设置 8 个通道，4 通道为电帆供电，4 通道设计为集成式电位计，用于展开过程中的角度测量。绝缘体采用聚酰亚胺，绝缘厚度 1 mm，绝缘强度 15 kV，满足 1 kV 的耐压需求。集成式电位计中两通道用于 5 V 供电，两通道输出角度电压，

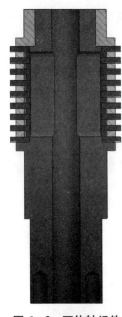

图 6-3　环体轴组件

输出的两通道互为备份。

3）驱动模块

电机可选用混合式步进电机,电压 24 V,电流 0.2 A,通电保持力矩 0.4 N·m。

由于展开过程的旋转角速度来自整星自旋,电帆导线拉力对线轴产生的力矩方向与导线释放时的线轴转动方向相同,电机输出力矩要能够防止在导线拉力作用下线轴被电帆拖动、提前展开。

电帆导线拉力如下:

$$F = W^2 \times R \times m = \left[200 \text{ r/min} \times 2 \times \pi/60 \right]^2 \times 3 \times 0.002 = 2.64 \text{ N}$$

产生的力矩如下:

$$4 \times F \times r = 4 \times 2.64 \times 0.017 = 0.18 \text{ N} \cdot \text{m}$$

因此,电机保持力矩大于电帆导线的拖动力矩,在展开过程中能够控制展开速度。

此外,25 环信号环摩擦力矩实测数据为 0.03 N·m,8 环信号环摩擦力矩实测数据约为 0.009 6 N·m,相对于其他力矩较小,可以不考虑。

4）锁紧装置

锁紧装置由支座、电磁铁及末端质量块组成;支座安装在基板上,电磁铁、末端质量块安装在支座中;4 个锁紧装置均布在线轴周围,间隔 90°;支座中设计悬臂结构,贴近线轴,对电帆导线起到导向的作用,如图 6-4 所示;支座材料采用聚酰亚胺,实现电帆导线与基板的绝缘。

6.1.2　电子发射装置的研制

1. 场发射阴极电子枪方案选择

电子枪的结构形式可分为近距环枪、远距环枪、横向枪(复式横向和单式横

图 6-4　锁紧装置三维图

向)、轴向枪(pierce gun)等。在大功率枪中,主要有环形枪和轴向枪两种类型。前者产生环形电子束,后者产生的电子束呈柱形或锥形,目前应用最广泛的是轴对称

收敛型电子枪中的皮尔斯型电子枪。它是基于球形二极管的二极电子枪,主要由阴极(聚焦极)和阳极两部分组成,有的还会在靠近阴极表面处加一层栅网作为栅极。此种电子枪的设计思路就是在球形二极管电子注中"切割"出一部分锥形电子注,为了更好地聚焦,增加了一个聚焦极。场发射应用中要利用栅极-阴极产生强电场,场强足够大时形成场发射。

电子枪腔体内分为三个区域,参见图 6-5。区域 1 为阴极和阳极之间的区域,叫做枪区。在此区域内,电位分布、电子轨迹与球形二极管相同。区域 2 在带孔阳极附近,由于要将电子从电子枪中引出,阳极必须开有一定大小的孔,这种设计方法把阳极孔视为一个无限薄的单膜孔透镜。区域 3 为阳极孔后的空间,在这一通道内场强基本为 0,电子所受的力只有空间电荷作用力。

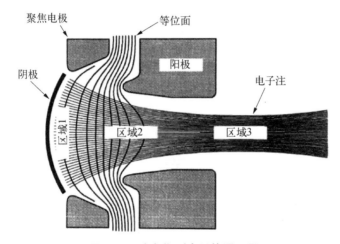

图 6-5　皮尔斯型电子枪原理图

2. 场发射阴极电子枪结构优化

根据电帆的使用需求,开展了场发射阴极电子枪结构和阴极发射体上碳纳米管制备方法研究,并最终形成了低质量、高可靠性、高性能的场发射阴极电子枪结构。

1) 三级电子枪结构及电子引出特性

设计一个三级的电子枪结构(图 6-6),用于验证电子引出特性,以及栅极和阳极对阴极电位的控制效果。由于试验中需要在栅极和阳极上施加几千伏特的直流高压电,因此电子枪外层需要设计一层绝缘性能很好的特殊材料,用来保证电子枪工作时不会发生短路等危险情况。最终决定除阴极、栅极、阳极暴露在电子枪外的导电部分之外,电子枪通体使用陶瓷层进行绝缘防护,参见图 6-6(a)(图中从左向右依次为阴极、栅极、阳极)。

试验测试结果显示,三级结构电子枪的电流引出值仅与栅极电压有关,在开启

(a) 三级结构电子枪

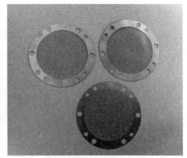

(b) 使用的栅网

图 6 - 6 试验用三级结构电子枪

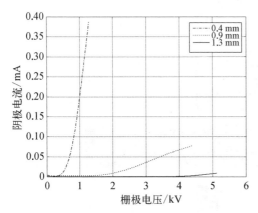

图 6 - 7 不同栅极距离下化学气相沉积法阴极电流电压关系

电压之后,电子电流随着栅极电压的增加而快速增大,如图 6 - 7 所示。在 0~6 kV 范围内改变阳极电压,阴极的引出电流几乎无变化,这表明阳极对电子电流引出无作用。该结构虽然验证了采用网状栅极和碳纳米管阴极可以引出电子电流,但电流值不足 0.5 mA,这可能与结构设计、栅极与阴极距离不均匀等因素有关。另外,阳极对电子电流引出作用不大,对电帆电位控制几乎没有作用,体积大、质量大等缺点使得该结构不适合实际的航天任务,必须进行结构优化。

2)电子枪结构优化

工业上应用最为广泛的电子枪为三级结构:阴极、栅极和阳极。阴极负责电子发射,栅极负责引出阴极上的电子,阳极负责加速和聚焦电子,从而实现高能电子和微波的产生。但在电帆任务中,电子枪只需将电子从阴极表面引出,不需要将电子加速到很高的能量和聚焦,因此可以考虑取消阳极这一结构,通过改变栅极与阴极间的距离,调节栅极工作电压的方法,实现电子能量在 0~1 kV 的控制。

图 6 - 8 为优化后的电子枪结构示意图,主要包括阴极、栅极、外壳和绝缘组件,其设计原则如下。

(1)整体去掉原来电子枪的阳极,采用阴极-栅网二电极结构进行简化,减小设计尺寸,减轻质量。

(2)阴极按表面积 0.78 cm^2 考虑,设计引出电流为 15 mA(电流密度为

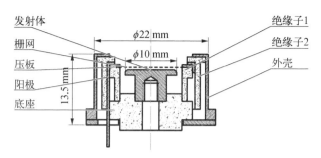

图 6-8　场发射阴极电子枪优化结构

$20 \, mA/cm^2$）。

（3）栅极则采用优化后的方形网孔尺寸,栅网与阴极之间的距离可以通过垫块的高度进行调节,方便试验测量。

（4）电极之间采用了迷宫型绝缘陶瓷,增加了电极之间的有效距离,既提高了陶瓷的抗污染性,又增加了绝缘电阻。

根据设计加工的电子枪试验样机参见图 6-9。

图 6-9　场发射阴极电子枪试验样机照片

3）碳纳米管场发射阴极力学性能优化

试验过程中的另一个核心部件是场发射阴极,现有的比较成熟的工业制备方法是化学气相沉积法[图 6-10(a)],但该方法制备的碳纳米管在阴极表面的附着力很弱,轻微的振动、触碰等都会导致表面的碳纳米管脱落,进而影响电子枪的电

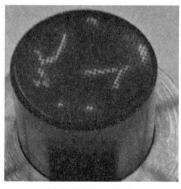

(a) 化学气相沉积法

(b) 钎焊方法

图 6-10　不同方法制备的电子枪阴极

子发射性能,因此必须对碳纳米管场发射阴极的抗力学性能进行优化研究。分别对比胶黏法和钎焊法,最终得出,采用银粉钎焊的方法将碳纳米管包裹起来,形成一个碳纳米管裸露发射面的方法,既可以保证碳纳米管阴极的力学性能要求,还能够满足电子枪的电子发射性能,如图 6-10(b)所示。

6.2　电动力绳系推进系统的研制

6.2.1　释放装置的研制

在空间 EDT 释放过程中,绳系释放机构有两种功能:一是存储用于 EDT 任务的绳系材料,二是可以为绳系的展开提供初始的弹射速度,然后在重力梯度的控制下引导绳索顺利展开。为满足以上功能,绳系释放机构的设计可以分成三个模块:线轴机构、制动机构和弹射机构。图 6-11 为北京理工大学研制的绳系释放装置子系统。

图 6-11　绳系释放装置子系统

1. 线轴机构

图 6-12 为线轴机构三维图。线轴机构包括线轴底板、线轴外壳、卷线轴、OLD 传感器 4 个主要零件。

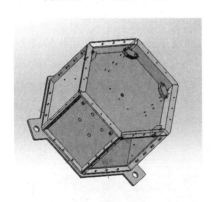

图 6-12　线轴机构三维图

材料的选取方面,考虑到线轴外壳、线轴底板和 OLD 传感器底座是整个线轴机构承力的零件,选用了钛合金材料。钛合金具有强度高、抗震性能好、质量较轻等特点,很好地符合了地面试验的需求,线轴缠绕中心本身主要是缠绕绳系,承力不大,对材料的要求也不是很高,采用铝合金即可。

卷线轴通过 6 个沉头螺钉与线轴底板固定,绳系缠绕在卷线轴上,通过 OLD 传感器底座中心的小孔穿出。线轴底板是一个类似六边形的实体,即六边形薄板,但有 3 个带孔的耳朵呈圆周均布,每个边上有 3 个沉头螺钉孔,可通过 18 个沉头螺钉固定在 6 个线轴外壳上,6 个线轴外壳均一致。其中,中间 4 个通孔是为了与释放机构基座进行装配,同时释放机构内部是封闭的,通孔的存在便于试验时观察其内部绳系的运动状态;靠边的两个通孔便于通过六角螺栓与 OLD 传感器装配。OLD 传感器共有 12 个螺纹孔,与线轴外壳装配后,一方面可以在自身上搭建传感器,另一方面也增加了线轴机构的稳定性。另外,线轴外壳两边的 8 个通孔同样是为了便于 6 个线轴外壳之间进行装配,形成一个类似六棱柱的腔体。箱体形状对于绳系的张力影响较小,这个封闭的六棱柱腔体有助于保护绳系释放过程中不受外界的干扰,也避免了绳系打结、线轴与空间碎片直接接触等情况,使得绳系沿着预期的展开过程顺利进行。

2. 制动机构

图 6-13 为制动机构三维图。制动机构较为复杂,含有 12 个主要的零部件,包括制动器外壳、导丝棍、蜗轮蜗杆、联轴器、电机、轴承封盖等。制动器外壳一律使用铝合金材料,强度符合试验要求。由于考虑到蜗轮蜗杆磨损的问题,蜗轮采用了锡青铜,蜗杆则使用 45 钢,其他零件均使用铝合金。

结合工厂加工难易程度及实际装配可能会遇到的问题,制动器外壳设计为 4 个板块,每个板块与其他零件装配好后,再通过沉头螺钉装配,形成一个长方体腔体。其中,制动器外壳-上由通孔通过六角螺栓与导丝棍连接;制动器外壳-右由 4 个通孔通过 4 个内六角螺栓与电机基座连接,电机基座的作用是固定电机,使用了 4 个十字槽六角螺栓与 42 国产步进电机连接;制动器外壳-下则与线轴机构连接。蜗杆两端均通过轴承固定在制动器外壳上,其中一段由联轴器与电机轴固定,当电机轴转动时,将会

图 6-13　制动机构三维图

带动蜗杆也转动;蜗轮通过两个轴承固定在导丝棍上,蜗轮中间打有通孔,绳系从线轴机构出来后经由这个孔,然后缠绕在导丝棍上,最后从制动器外壳-上中间的通孔穿出。

事实上,电机轴的转动带动蜗轮蜗杆旋转,而蜗轮的转动将诱导绳系顺着导丝棍缠绕,通过改变电机轴的转动方向可以间接通过蜗轮来改变绳系在导丝棍上的缠绕圈数,从而改变绳系与导丝棍之间的摩擦力,圈数越少,绳系所受的摩擦力越小。在绳系试验中,假设其他变量不发生改变,绳系的速度将有所增加。考虑在实际的空间任务执行中,当弹射机构弹射出去,即将到达预期位置,需要将速度降下来时,可通过改变电机轴转动方向来增加绳系在导丝棍上的缠绕圈数,从而逐步增加绳系所受摩擦力,减缓绳系释放速度,最终达到减速的目的。

6.2.2　等离子体接触器的研制

目前在 EDT 中,研究比较热门、应用较广泛的是采用 HCPC 作为电子发射装置。由于空心阴极结构独特,具有寿命长、发射电流大、电流发射效率高、体积小、

质量轻、结构紧凑牢固、抗振动能力强的特点,能够满足空间技术对电子元器件的多方面要求,因而,关于空心阴极在空间技术中的应用研究受到广泛重视。国外,已经将空间用途的空心阴极寿命做到 28 000 h、开关 32 000 次,图 6-14 为 HCPC 的实物图和原理图。

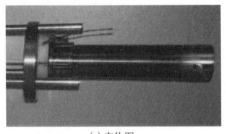

(a) 实物图   (b) 结构组成原理图

图 6-14   HCPC

空心阴极能在较低的电压下发射较大的电子电流,而且,电子电流的大小可在较宽范围内调节。空心阴极技术已经经过多次空间飞行验证,其高可靠性、长寿命的特点也是等离子接触器的最佳选择。

2000 年 10 月 27 日,ISS 对等离子体接触器空心阴极成功地进行了在轨点火,点火后运行状态良好。该空心阴极是由 NASA 格伦研究中心研制的,设计寿命超过 18 000 h,可进行 6 000 次以上点火,点火可靠性 99%。到 2001 年 10 月,该空心阴极累计工作 2 000 h 以上。

ISS 用的等离子体接触器系统(the SSF plasma contactor system)由四大子系统组成:等离子体接触器单元(plasma contactor unit, PCU),电源转换单元(power electronics unit, PEU),推进剂管理单元(expellant management unit, EMU)和轨道更换单元(orbit replaceable unit, ORU)。图 6-15 分别给出了其设计图和实物图。

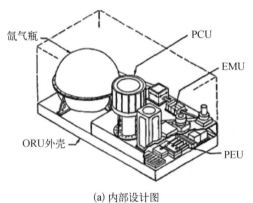

(a) 内部设计图   (b) 产品实物图

图 6-15   国际空间站用等离子体接触器系统

表 6-1 给出了接触器系统各子系统的功能和关键技术问题。

表 6-1　接触器子系统功能和关键技术问题

子系统	功　能	关键技术问题
PCU	提供电子电流	寿命； 外界环境对性能的影响； 关键参数的不确定性； 电子电流中离子产生率的范围和变化； 尺寸
PEU	给 ORU 提供命令、控制和遥测接口； 将太阳帆板 120 V DC 转换成 PCU 和 EMU 所需电压； 激活、点火和维持 PCU 工作； 检测和解决故障	关键接口； 电磁兼容性； 故障检测和解决
EMU	给 PCU 供给调节后的 Xe 气	污染控制和系统集成； 流量控制方案
ORU	在接触器系统和空间站之间提供机械、电子、遥控/遥测、热接口；提供保护	无

其中,等离子体接触器单元是接触器系统最重要的子系统,其工作性能直接决定了接触器系统的应用范围。表 6-2 给出了接触器单元的各项参数指标。图 6-16 给出了接触器设计图及实物图。

表 6-2　等离子体接触器单元性能指标

1）结构形式
（1）封闭式触持极
（2）低逸出功电子发射体式空心阴极
2）性能
（1）电子发射电流：在偏置电势 20 V 情况下,电流 10 A
（2）输入功率（典型）
a）加热器功率（工作情况下）：10.6 W 和 54.7 W
b）加热器功率（点火）：≤76 W
c）阳极功率（稳态工作）：≤44 W 空闲模式
（3）气体：氙气,高纯
（4）氙气消耗率（典型）：≥5.80 sccm
（5）点火时间：≤6 min（典型）
（6）寿命：>18 000 h,连续工作
（7）点火：需求次数≥6 000,验证次数>32 000
（8）工作温度：-43~91℃
（9）休眠温度：-43~82℃
3）机械特性
（1）质量：0.25 kg
（2）零件数量：30
（3）尺寸：15 cm×3.2 cm（法兰直径 7.6 cm）
（4）振动：16.5G_{rms},3 轴,60 s

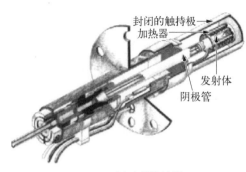

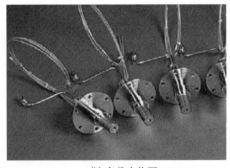

(a) 内部设计图 (b) 产品实物图

图 6 - 16 国际空间站用等离子体接触器单元

第7章

电帆和电动力绳系的在轨应用方案

7.1　电帆在轨应用方案

7.1.1　电帆在地球轨道任务的应用方案

1. 坐标系定义

机械坐标系(O-XYZ)：坐标原点 O 为电子枪与电帆中心连接处,定义为理论圆心;Y 轴过坐标原点,与太阳能帆板轴线平行,指向电子枪右侧帆板轴;Z 轴过坐标原点,与电子枪轴线方向平行,指向电子枪;X 轴与 Y 轴、Z 轴构成右手坐标系。

质心坐标系(O_1-$X_1Y_1Z_1$)：电帆的质量中心为质心坐标系的原点 O_1,三轴分别平行于机械坐标系的对应轴。

电帆参考惯性坐标系(O_r-$X_rY_rZ_r$)：以电帆质心为原点 O_r,Z_r 轴为地轴方向,方向由北向南为正向,Y_r 轴为轨道面的负法向方向,X_r 轴满足右手法则。

电帆本体坐标系见图 7-1。为了便于描述,在标称状态下定义四根导线 L1、L2、L3 和 L4 在 XOY 平面的投影分别平行于+X 轴、+Y 轴、-X 轴和-Y 轴,在 Z 轴方向投影为0,在旋转状态下电帆四根导线运动产生旋转锥面,锥角与水平面的夹角定义为 β,见图 7-2。

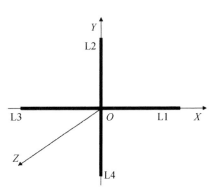

图 7-1　电帆本体坐标系描述

2. 基于近地轨道离子体相对运动电帆控制系统组成

电帆姿态与轨道控制系统包括敏感器、执行机构和控制器三部分。

敏感器主要包含 2 组太阳敏感器、3 个磁强计、1 个加速度计和 3 个长寿命陀螺。执行机构主要包括电帆导线、3 个磁力矩器、1 个动量轮。控制器由姿轨控计算机(attitucle and orbit control computer, AOCC)实现。

(1)太阳敏感器：太阳敏感器安装在电帆中心体的相对面上,每组太阳敏感器的测量轴方向分别与电帆本体的+X 轴、+Y 轴平行,分别用于测量滚动角和俯仰角。

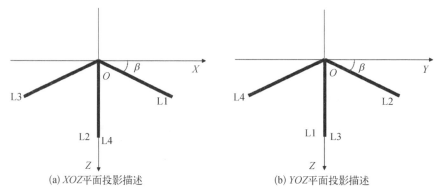

(a) XOZ平面投影描述　　　　　　　(b) YOZ平面投影描述

图7-2　在旋转状态下电帆导线在本体坐标系下的投影描述

（2）长寿命陀螺：用来测量电帆三轴角速度，作为角速度控制测量设备等。

（3）磁强计：用来测量地磁场强度，结合太阳敏感器，给出电帆三轴姿态。

（4）加速度计：用来测量电帆相对运动位置和速度，实现轨道转移。

（5）磁力矩器：用于导线展开过程控制、电帆微机动调姿控制等。

（6）动量轮：用于控制电帆中心轴旋转，使得电帆维持伞状稳定态。

（7）电帆导线：电帆的核心驱动机构，产生轨控力和姿控力矩，驱使电帆向目标方向运动，保持电帆姿态，并为动量轮进行角动量卸载等。

3. 利用近地轨道离子体的电帆运动特点

地球南北极附近聚集了大量的相对稳定质子，如图7-3所示，当电帆沿着轨道运动到南北极附近(以地轴为中心，锥角约15°)时，质子相对于电帆运动的方向正好为电帆轨道运动的反方向，如图7-4所示。

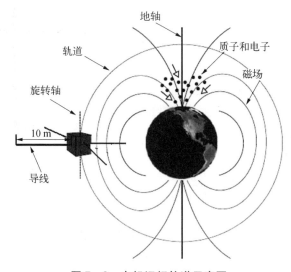

图7-3　电帆运行轨道示意图

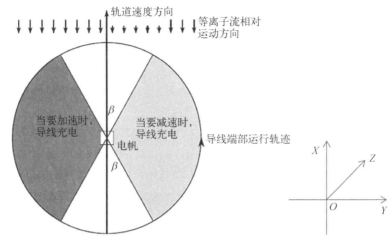

图 7 - 4　电帆运动过程中加减速过程示意图

假设电帆工作轨道是轨道高度为 680 km 的近地极轨,且要求电帆在轨以电帆参考惯性坐标系为目标基准。在南极轴锥角 15° 范围内,电帆经过时间约为 470 s (轨道周期约为 5 640 s)。当电帆经过南极时,等离子的相对运动方向为电帆参考惯性坐标系的 $-X_r$ 方向,且近似平行于赤道面。若以电帆绕旋转轴 $+Z$ 为正转速方向,则当导线 i 运动到电帆参考惯性坐标系的 $O_r X_r Y_r$ 面内的第 1、2 象限内时,导线 i 产生正电势,进而产生了绕 $+Z$ 轴的转动力矩。电帆在北极轴锥角 15° 范围内,等离子的相对运动方向为电帆参考惯性坐标系的 $+X_r$ 方向,且近似平行于赤道面。为获得绕 $+Z$ 轴的转动力矩,则需要导线 i 运动到电帆参考惯性坐标系的 $O_r X_r Y_r$ 面内的第 3、4 象限内,使得导线 i 产生正电势。相反,若要降低电帆转速,则当电帆经过南极轴角 15° 范围内时,导线 i 运动到电帆参考惯性坐标系的 $O_r X_r Y_r$ 面内的第 3、4 象限内,使得导线 i 产生正电势,当电帆经过北极轴角 15° 范围内时,导线 i 运动到电帆参考惯性坐标系的 $O_r X_r Y_r$ 面内的第 1、2 象限内,使得导线 i 产生正电势,这样会产生减速作用。

电帆离开南北极轴控制区域后,断开所有导线电势。电帆维持离开控制区的角速度,绕本体 $+Z$ 轴旋转。

4. 近地轨道电帆的应用

基于近地轨道离子体的电帆运动特点,电帆可以向目标方向进行自主姿态控制和加减速运动控制。应用主要有以下几方面。

(1) 空间垃圾清除。由于电帆结构简单、成本低廉,展开面积大,且不需要携带任何工质,特别适用于清除低轨道空间垃圾。它能够主动靠近和附着在空间垃圾上,将其加速带入大气层焚毁。

(2) 提升受损卫星的在轨生存能力。一般而言,低轨道卫星携带的推进燃料较少,当卫星未被运载火箭送达目的地时,靠星上携带的燃料进行变轨。若轨道偏差较小,则卫星寿命将会降低;若轨道偏差较大,则携带的燃料未必能完成轨道转移任务。此时,电帆可以借助自身的空间离子加速运动特点,协助卫星完成变轨任务。卫星完成任务后,电帆可以主动脱离卫星,等待为其他卫星服务。

7.1.2 电帆在深空探测任务的应用方案

深空探测作为人类航天活动的重要探索领域,对一个国家的科学研究、潜在经济效益和军事应用价值有着特殊的作用,是人类开发浩瀚无垠宇宙资源的前奏。探索和认识宇宙奥秘,开发和利用宇宙资源,探求人类进入新的活动疆域的可能与途径,已成为世界各国竞相开展深空探测的动力所在。

在星际探测的初期,以化学火箭发动机为主的大推力技术得到迅速的发展,然而随着深空探测任务的深入,化学火箭发动机比冲小、效率低的缺点日益暴露,不能满足未来任务的需要。与此同时,以电推进、离子推进为代表的小推力推进技术受到了广泛的关注,并迅速发展,在深空探测任务中已得到初期尝试与应用。

电帆作为一种新型的小推力推进技术,具有无工质消耗的特点,仅需较少的电量维持电帆表面电动势,就能满足其在空间环境中的持续工作。这种长期稳定连续工作的特性,使得电帆注定成为深空探测的宠儿,在深空探测领域具有广泛的应用前景。

1. 星际飞船

随着各类探测器的发射成功和科技水平的进一步发展,人类迈向行星探测的步伐也逐步加快。最初进行近地临近空间探索利用,接着对月球和火星开展无人或有人探测,后来对彗星和小行星的探测也已经成为 21 世纪深空探测的重要内容之一。人类对于宇宙的探知程度越发深入,对于空间的探索距离越发广阔,人类的终极目标是无限的星辰大海。

在各种科幻电影中,一种常见的星际旅行手段就是星际飞船,无论是通过虫洞的跨域转移,还是利用先进的反物质推进装置来实现超越光速的飞行,这些技术在电影的星际旅行中似乎是司空见惯的。然而现有的科学技术表明,人类尚未发现实现空间翘曲的虫洞,也无法实现、甚至接近光速飞行。迄今为止,飞行距离最远的是美国发射的旅行者号,经过漫长的 37 年时间终于抵达太阳系边界,即将实现人类飞出太阳系走向星辰大海的梦想。旅行者号通过核反应装置提供能源,利用离子发动机提供工质,实现在深空中长期运行,但从时间上可以明显看出,利用现有的推进技术实现星际旅行是不现实的,飞船最终能够达到的速度太慢。

事实上,为了真正意义上实现星际旅行,需要攻克两大难关:一个是飞得更快,需要接近或者超越光的速度;另一个是迅速地实现飞得更快。

电帆是一种无须消耗能源的无工质推进技术,在太阳系内主要依靠太阳风中的电子进行动量交换来获取推力,即使飞出太阳系,也能借助宇宙中其他恒星辐射出来的高能粒子产生推力。因此,从某种意义上来讲,电帆就是宇宙航行中的永动机,通过持续不断地接收宇宙辐射线中的带电粒子,进而产生推力,最终推动航天器获得较大的飞行速度。这就解决了星际飞行中的第一个大问题,通过电帆持续不断地推动飞船加速,最终达到超高的速度,实现星际旅行。Janhunen 教授指出,通过增大电帆体积、减小帆面导线半径,能有效提升电帆的工作性能,并通过表格详细地给出了不同结构下电帆的工作性能,提出具有技术实现可行性的一种电帆制造方案,其最终能够达到 183 km/s 的飞行速度,这是其他任何现有推进技术所无法比拟的优势。电帆将成为迄今为止飞行速度最快的航天器,利用电帆可以实现在 10 年内抵达太阳风顶层。通过分析进一步指出,理论上电帆最终能够达到太阳风的速度,也就是 400 km/s。尽管电帆无法解决星际航行中的第二个问题,即在较短的时间内实现飞得更快,但已经为人类的星际探索梦想打开了全新的篇章。人类可以设想设计一种在太空展开情形下,具有超大帆面的星际飞船,初期经过缓慢加速,这一过程可能需要耗费将近一年的时间,逐步加速到 200 km/s 的飞行速度,这将是人类目前通过现有技术能够实现的最快的空间飞行手段,利用该星际飞船可以实现在太阳系内的快速航行。

2. 行星际轨道转移

自 20 世纪 60 年代美国与苏联率先开展深空探测活动起,世界各国对太空环境探索的热情急剧提升,对太空资源挖掘的欲望极大增强。一方面,人类对现有地球资源的开发与利用已经达到一定的瓶颈阶段,需要继续寻找新的能源作为替代;另一方面,随着天体物理等基础科学研究的进步,人类对于探索地外文化、利用空间环境的需求迫切增强,这些都促使人类开展了大量的深空探测任务。

世界航天大国分别向月球、太阳系八大行星等目标发射了一系列著名的深空探测器,如美国的“徘徊者”系列、“阿波罗”系列、“水手”系列、“先驱者”系列、“旅行者”系列、“海盗”系列,以及苏联的“月球”系列、“宇宙”系列、“金星”系列、“火星”系列等,不仅获得了大量关于太阳系、行星和行星际空间的宝贵科学数据,积累了丰富的深空探测研制及运行管理经验,也推动了空间技术的迅速进步。进入 20 世纪 90 年代之后,为加深对太阳系的了解,进一步探索深空的奥秘,揭示宇宙的演变规律,NASA、欧洲航天局(European Space Agency, ESA)及日本等国家与机构开始了新一轮的深空探测活动,并将探测目标的重点转向了太阳系内众多的小行星、彗星及八大行星的卫星,各自提出一系列以深空探测及新技术验证为基本内容的未来航天发展计划。

在星际探测任务中,探测器首先需要从地球停泊轨道逃逸出地球影响开始星际转移,当探测器到达目标星体时,则需要被目标星俘获,进入绕目标星飞行的任务轨道。此外,根据任务需要,探测器还会在不同的椭圆轨道之间进行轨道转移。这些轨道机动都是在行星附近进行的,因此称为近行星际轨道转移。以往近行星际轨道转移都是通过运载火箭的上面级和探测器上装备的化学火箭发动机来完成的。为了进一步发挥小推力推进系统比冲高的优势,增加有效载荷比重,缩减任务成本,各国的学者开始研究如何利用小推力推进系统实现近行星轨道转移,如 ESA 的 SMART-1 任务就利用小推力推进系统实现了从地球停泊轨道到月球的转移。小推力推进系统在近行星轨道转移中的应用极大地提高了任务科学回报、节约了成本。

利用电帆实现行星际间的轨道转移,通过其长期连续小推力作用,持续加速航天器,能有效缩减任务时间。齐乃明教授利用高斯(Gauss)伪谱法研究了地球到火星的最小时间转移轨迹,并将结果与太阳帆进行比较,表明在星际远航深空任务探测中电帆具有更大的优势。王昱结合粒子群智能算法和打靶法,研究了电帆到太阳系内不同行星的最小时间转移轨迹,仿真结果表明,地球到火星的转移轨迹需要 505 天,地球向金星的转移轨迹仅需 280 天。上述研究表明,电帆在深空探测领域具备独有的优势,尤其是对于远距离星体轨道转移,更是具有无法比拟的优势。

3. 太阳系边缘探索

根据目前科学研究可知,太阳系的边缘是由太阳辐射向周围的太阳风带电粒子组成的球状结构,称为日光层或者太阳风顶层,该球状带电粒子围绕太阳系形成巨大的保护层,保护行星不受那些在星际空间飞速划过的高能粒子干扰。旅行者 1 号和 2 号间隔 12 年相继经过该太阳风顶层,通过搭载的粒子监测仪观察到,当飞船进入该层附近时,太阳风突然减速,在某一时刻下降到基本为 0。而且,没有其他的迹象可以证明飞船已经飞过太阳系边界,进入星际空间,飞船上搭载的磁强计依旧显示该处的磁场方向为自东向西,仍然由太阳牵引。2008 年发射的"星际边界探测器"提供了众多银河系和星际空间中看不见的外太阳系与宇宙其他空间环境相互作用的照片,其中一个重要的发现是,太阳系边缘存在巨大的能量带,可能是太阳风的中性氢原子在局部银河磁场穿行过程中,它们的电子脱离成为带电粒子,并在磁场线附近急速振动、旋转,并被困在这一区域内,最终形成高能能量带。这些惊人的发现说明太阳系边缘并不是人们传统理解的那样,它周围的太空环境远比人类想象得复杂。人类如需走出太阳系,进一步探索无限广阔的宇宙空间,首先需要加深对太阳系边缘环境及外部宇宙环境的认识,这将帮助人类提早应对未知的宇宙空间。

旅行者号飞跃到太阳风顶层耗时 37 年之久,并将从 2020 年开始,因自带的钚放射性发电器衰减而逐渐失去电量,最终将永久成为太空中的废船。根据最新的电帆推力技术,从理论上分析,只需要经历 10 年时间就能到达距离太阳 100 AU 的风顶层。同时,该推进技术完全依靠太阳风中的带电粒子产生推力,依靠太阳光进行发电,可以长期工作在太阳系边缘位置,对太阳系边界持续地进行科学探索及研究。

4. 小行星采样返回

小行星是在太阳系形成的初期,由从原始太阳星云中不断凝聚出来的固体物质增长而成的。由于小行星与太阳系同时期产生,因此其承载了丰富的太阳系起源和行星演化等方面的信息,对人类了解太阳系,进一步认识地球,探索生命起源等具有重要意义。同时某些小行星中蕴含有丰富的矿藏资源,对它们的开发利用能有效提升科学技术水平、缓解地球资源紧张。

因此,小行星采样返回逐渐成为国际深空探测领域的研究热点。目前,世界主流航天强国(美国、俄罗斯、日本、中国)都已实现近地空间小行星的探索,同时部分实现样品采集与返回。所使用的推进方式主要是依靠传统的化学推进手段,采用碰撞及硬着陆方式,对目标小行星进行样品采集。与化学推进相比,电帆推进技术产生的推力较小,在近点空间小行星探索、采样返回方面并不具有明显优势,但其具有无工质、无须消耗能源的特性,可以在深空中长期持续产生推力,最终使航天器达到较大的速度。这一特性令电帆在深空远距离小行星探测中具备极大的竞争力,通过电帆长时间的推力作用,能够到达太阳系边缘位置,进行小行星采样返回。Quarta 详细研究了利用电帆对近地小行星的采样返回任务,通过分析不同电帆性能所能产生的最大推力,计算从地球轨道开展 1998 KY26 小行星采样返回过程所需要花费的时间,指出在理想情形下,电帆以最大推力进行该小行星采样返回,耗时小于 1 年。在该基础上,Quarta 进一步研究了对地球具有潜在撞击风险的所有小行星转移轨迹计算,在假设电帆具有 1 mm/s^2 的加速度情形下,通过电帆向目前记录的潜在风险小行星飞行时间均小于 180 天,为未来突发情形下的应急措施留有充足的时间余量。值得一提的是,在电帆导线制造水平进一步提升,电帆结构尺寸增大的条件下,在不久的将来,完全有能力制造具备该加速度大小的电帆。

5. 悬浮轨道观测

悬浮轨道是一类非开普勒轨道,其轨道面不包含中心天体,利用推进系统产生的连续推力来平衡中心天体产生的引力,使航天器悬浮起来,根据中心引力体的不同,可以分为日心悬浮轨道和行星悬浮轨道,利用悬浮轨道特性可以开展一些传统技术很难实现的任务。

日心悬浮轨道可以长期运行在黄道面的上方或者下方,通过电帆产生的推力不断调整轨道参数,使形成的轨道为周期轨道。如图 7-5 所示,根据不同的电帆推力大小,可以建立电帆推力与悬浮轨道高度 h、轨道半径 R 的平衡方程。选择合适的轨道高度与轨道半径,可以使得电帆长期

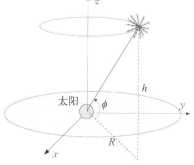

图 7-5　日心悬浮轨道示意图

驻留在太阳上方,为太阳极区观测提供良好的视距及角度,为太阳演化发展提供进一步的科学观测。

当该悬浮轨道半径扩大为地球到太阳的距离,也就是 1 AU,且轨道周期等于地球绕太阳的公转周期时,该日心悬浮轨道为一类特殊的地球同步轨道,能够停留在地球南北极上空与地球同步运行。利用该类特殊悬浮轨道可以实现对地球极区的全天候观测及通信,深入研究地磁场变化。

上述轨道应用都是以太阳作为中心引力体的悬浮轨道,另一类以其他行星作为引力体的悬浮轨道同样具有极大的应用前景。可以定点在目标天体的上方,长时间观察星体在宇宙环境中的变化,加深对星体生命演化过程的了解。

6. 人工拉格朗日点观测

传统的轨道设计都是在简化后的二体问题框架下进行分析计算的,如果进一步考虑航天器周围受其他大引力体的影响,那么就必须采用三体问题进行分析,当采用圆限制性三体模型进行轨道分析时,会衍生出一类非常有意思的轨道,即人工拉格朗日点与该平动点周围的 Halo 轨道。

拉格朗日点也称为平动点,自然形成的平动点受三体动力学模型框架限制,决定了平动点在空间中的具体位置,以及该点的稳定性。例如,在日地连线中一共具有 5 个平动点,其中 3 个为不稳定的共线拉格朗日点,另外 2 个是稳定的正三角形拉格朗日点。该平动点可以有效观测、监测太阳风变化,对近地空间卫星形成及时预警,研究太阳风与地磁之间的相互作用及影响等。ISEE－3 即国际日地探测卫星 3 号,于 1978 年由 NASA 与 ESA 联合发射,运行于日地系 L1 点邻域内的 Halo 轨道上,用于研究太阳风和地磁场之间的相互影响。国际日地物理计划中的 WIND 卫星,初期运行于绕月变轨轨道上,而后运行于日地系 L1 点邻域内的 Halo 轨道上,用于观测地球附近的太阳风环境。

自然形成的拉格朗日点空间位置固定,轨道特性独特,使得它们成为放置深空探测器的最佳选择。因此,目前已有大量深空探测器运行在拉格朗日点附近,使得该空间资源紧缺。另外,在日地系的 5 个拉格朗日点中,其中 3 个是不稳定点,维持轨道在该平动点附近需要消耗大量的燃料,利用效率较低。利用电帆可以在空间环境中持久提供推力的特性,能构建三体问题中的人工拉格朗日点,同时可以根据电帆推力性能,调节拉格朗日点的空间位置,使其对于某些地球预警及太阳风观测任务具有更好的时间余量及空间视角。例如,对于深空探测过程中的通信问题,可以相继在日地系拉格朗日点、日火系拉格朗日点布置中继卫星,全程保障航天器在深空中的通信。甚至在不同的行星与太阳之间设立多个人工拉格朗日点,建立太阳系内的星际通信高速公路,将人类的通信范围极大地延伸向宇宙深处。对于太阳活动剧烈时期,太阳风中等离子体对地球电离层、近地空间的电磁造成严重干扰及破坏,可以在相比于传统的日地系 L1 平动点更远的距离设立人工拉格朗日点,使得相比于固有的平动点,能够更早更及时地预警太阳风对地球电磁辐射的影响。例如,在日地系深处设立人工拉格朗日点,在该点处架设太空望远镜,能极大提升现有的空间观测技术。也可以在空间深处某位置建立稳定的人工拉格朗日点,在该处建立人类空间站,使得该空间站能够长期稳定运行,这也是人类星际航行的重要枢纽。

目前,电帆的制造及空间展开技术尚未成熟,还无法进入真正太空应用阶段,未来电帆将以其独特的工作机制和杰出的性能表现,在深空探测领域大放异彩。

7.2　电动力绳系的在轨应用方案

EDT 推进技术最重要的优点是无须推进剂,系统具有质量轻、成本低等优点,在空间科学活动中有独特的优势和广阔的应用前景,包括建造微重力空间平台,空间环境数据采集探测,实现机动变轨,降低和提升轨道等,图 7-6 为目前 EDT 的研究领域。

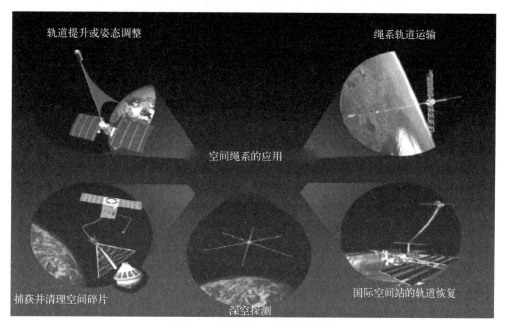

图 7-6　目前 EDT 的研究领域

由于 EDT 既可以实现升轨,又可以实现降轨,因此可以设计一套同时实现升降轨,灵活机动的重复利用的 EDT 装置。目前,EDT 在降轨方面的应用很具有前景和实际效应的是利用 EDT 进行空间碎片的清理工作,这样可以节省大量的推进剂和相应的清理成本,而在升轨方面可以实现目标捕获物的升轨或空间站的间歇式保持轨道高度的升轨。

7.2.1　电动机模式应用方案

　　EDT 在升轨过程中可以用在 ISS 位置提升上,图 7-7 是利用 EDT 提升 ISS 的示意图。

图 7-7　利用 EDT 提升 ISS 的示意图

　　因为大气阻力的存在,会将 ISS 的轨道降低,因此 ISS 需要定期提升其轨道,使其保持在工作位置,通常的做法是用 ISS 的 Progress M 飞船提供推进力,同时需要每年向空间站输送大量的推进剂。然而 EDT 无须推进剂,在 ISS 轨道提升方面有着很大的优势。研究表明,利用 EDT 提升一次 ISS 位置,可以节省 1 000 kg 传统化学推进剂,10 年可以省大约 10 亿美元。图 7-8 表示的是利

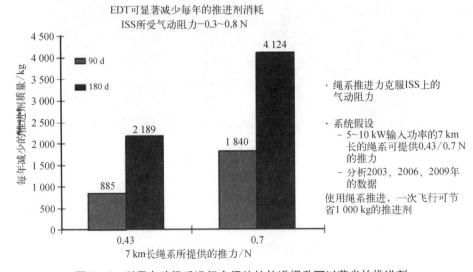

图 7-8　利用电动绳系进行空间站的轨道提升可以节省的推进剂

用 EDT 进行空间站的轨道提升可以节省的推进剂图,可以看出,提升一次轨道,节省推进剂的质量可达 1 000 kg 左右,而且随着大气阻力的上升,提升轨道所节省的推进剂的质量增多。

图 7-9 表示的是用 EDT 提升 ISS 轨道的原理图,图中 EDT 作为发动机,绳子中存在电流,与磁场发生作用,产生洛伦兹力,只要力的方向与系统的运动方向一致,就可以用来提升 ISS 的轨道。对于自西向东运动的 ISS,为了克服此感应电动势,需要额外添加一个电源,使电流方向朝着绳子相反(电势方向)的方向流动,从而产生与航天器运动方向一致的洛伦兹力来进行升轨操作。

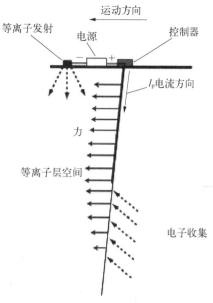

图 7-9　ISS 轨道提升原理图

7.2.2　发电机模式应用方案

随着人类的太空探索活动变得频繁,越来越多的空间碎片积聚在近地轨道(low earth orbit,LEO)上,这些空间碎片包括意外解体和有意自毁产生的碎片、运载火箭上面级和航天器运行过程中分离的碎片、碰撞和连锁碰撞产生的碎片。图 7-10 表示的是目前在 LEO 上的空间碎片现状,若不清除这些碎片,就会发生凯斯

图 7-10　地球周围的空间碎片分布状况

勒现象。根据凯斯勒现象,LEO 的物体密度超过一定程度会引起碰撞的可能性呈指数级增长,除非把总体数量降低到一临界点,这样才能避免指数级的增长。但是,利用 EDT 可有效防止凯斯勒现象。

目前,若是处理废弃卫星,则主要通过化学推进剂降轨或仅仅依靠大气阻力降轨。与化学推进剂降轨需要大质量的推进剂相比,利用 EDT 脱轨的 EDT 仅占发射时火箭载荷的 1%~5%;与利用大气阻力降轨相比,EDT 降轨的一个显著优点是节省时间,仅靠大气阻力进行降轨需要十年到上千年,而使用 EDT 后,降轨时间仅需几周到几个月。商业公司 Tethers Unlimited, Inc. 做的 EDT(Terminator Tether, TM)用来脱轨高度 775 km,倾角为 45°的 Orbcomm1 飞船,需要的脱轨时间仅为 12 天,而该套系统只占总体质量的 2.5%,要是仅用大气阻力自然脱轨,需要 100 年。图 7-11 为利用 EDT 清除空间碎片的示意图。

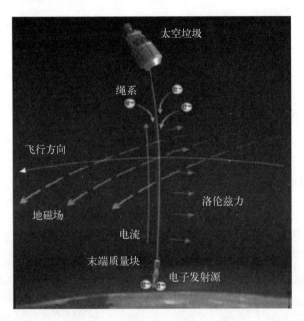

图 7-11　EDT 清除碎片示意图

用电动力来脱轨废弃卫星的思想是由 Loftus 在 1996 年首次提出的。Robert 等用分析的方法给出了计算 EDT 的电能表达式,表达式中指出,一个 10 km 长的铝制绳子在 1 000 km 高空处能产生 2 100 W 的电能。因此可以考虑充分利用该部分的电能,研制相应的应用产品。

1. EDT 降轨模型建模研究

为了详细地描述 EDT 系统的洛伦兹力特性,需要建立准确的 EDT 系统降轨模型。本节的裸线电动力绳系降轨模型涉及坐标系系统、空间环境模型、电流收集与电势分布模型、接触器电子发射模型及动力学模型等;为了便于计算和分析,在

EDT 的轨道动力学模型中使用理想的哑铃模型(刚性杆模型)研究 EDT 的洛伦兹力特性与裸线绳系降轨的工作性能。

1) EDT 降轨模型的坐标系系统

变轨的物体需要参考系,这样模拟的结果可以用来比较和分析预测 EDT 系统的降轨。本书中用到的坐标系有地心惯性(ECI)坐标系、地心地固(ECEF)坐标系、东北地(NED)坐标系。下面简要描述其定义及其相互转换关系。

(1) EDT 系统坐标系。

a) ECI 坐标系。以地球为中心的惯性坐标系是一个基于笛卡儿的坐标系,旨在为天文学家和其他科学家提供相对于恒星的固定或非旋转参考系。在考虑航天器围绕地球的运行时,往往采用此坐标系。坐标系的几何定义是:原点是地球质心,X 轴指向春分点,Z 轴与地球自转轴相同,Y 轴由右手定则决定。航天器在该坐标系的表示一般即为 X,Y,Z。 仿真工具中采用的都是 ECI 坐标系,目的是防止地球自转带来的运算复杂问题。

b) ECEF 坐标系。ECEF 坐标系也是一个基于笛卡儿的坐标系,其坐标系与 ECI 坐标系类似,其几何定义是:X 轴固定于赤道平面零经度点,Z 轴与地球北极点相同,Y 轴由右手定则决定。该坐标系会随着地球的旋转而旋转。在仿真工具中 ECEF 坐标系的作用是将 ECI 坐标系转化到大地坐标系上。

c) NED 坐标系。NED 坐标系几何定义为:以站心为坐标系原点 O,Z 轴与椭球法线重合,向上为正(天向),Y 轴与椭球短半轴重合(北向),X 轴与地球椭球的长半轴重合(东向)。NED 坐标系主要用于描述地磁场模型,这样场强矢量很容易由大地坐标系的位置矢量表示,图 7-12 表示的是 NED 坐标系在 ECEF 坐标系的关系。

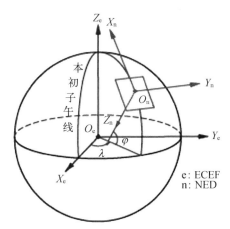

图 7-12　NED 坐标系在 ECEF 坐标系中的关系

(2) 各种坐标系之间的转换。

仿真工具建立在 ECI 坐标系之上,因为这样可以避免旋转参考系带来的问题。ECEF 坐标系可以处理 ECI 坐标系和大地坐标系之间的转换,NED 坐标系用于仿真工具中的 WMM 磁场模型坐标系。不同坐标系的相互转换需要引入矩阵转换,必须用合适的数学算法解决坐标系之间的转换问题。

为了解决 GCS 坐标系和 ECEF 坐标系之间的转换问题,仿真工具借助 MATLAB 自带的转换函数。该函数可以用于两种坐标系之间的相互转换。

为了转换 ECEF 坐标系和 ECI 坐标系,需要引入与上述类似的旋转矩阵,用以描述地球旋转春分点和本初子午线之间的不同。

2) 经典轨道基本要素

卫星在轨道的运动往往采用地心惯性坐标系,但如果卫星仅仅采用 (x, y, z) 和 (v_x, v_y, v_z) 分别表征位置和速度,那么实际轨道情况仍然不能确定。因此在描述卫星轨道情况时,通常采用经典的轨道六根数。如图 7 - 13 所示,a 为轨道半长轴,e 为轨道偏心率,这两个量决定轨道的形状;Ω 为升交点赤经,即春分点与升交点之间的夹角,i 为轨道倾角,这两个量决定轨道平面的位置;ω 为近地点幅角,即近地点到升交点的角距,此量决定轨道在轨道平面内的方位;θ 为真近点角,它决定卫星在轨道上的位置。一旦经典轨道要素(classic orbital elements, COE)参数确定,就可以推导出在轨物体的许多特性和目标在坐标系中的位置。

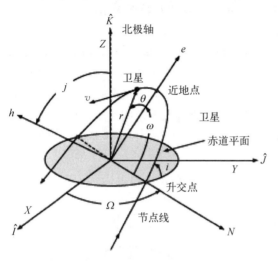

图 7 - 13　经典的轨道六根数示意图

实际过程中,轨道根数不能直接测得,通常需要测得卫星在某一时刻的位置和速度。因此通常先由某一时刻测得的卫星位置矢量 $\boldsymbol{r}$ 和速度矢量 $\ddot{\boldsymbol{r}}$ 确定轨道六根数 a, e, i, ω, Ω, θ, 即可直接得出下一个时刻的六个轨道运动参数,其中的转换计算关系如下。轨道半长轴:

$$a = \frac{r}{2 - r\dot{r}^2/\mu} \qquad (7-1)$$

动量矩矢量 $\boldsymbol{h} = \boldsymbol{r} \times \dot{\boldsymbol{r}}$,设地心惯性坐标系三个坐标轴单位方向矢量为 $\boldsymbol{u}_x$, $\boldsymbol{u}_y$, $\boldsymbol{u}_z$,则轨道倾角:

$$i = \arccos\left(\frac{\boldsymbol{h}}{h} \cdot \boldsymbol{u}_z\right) \qquad (7-2)$$

升交点赤经:

$$\Omega = \arccos(N \cdot \boldsymbol{u}_x) \qquad (7-3)$$

其中,轨道节线单位矢量:

$$N = \frac{u_z \times h}{|u_z \times h|}$$

轨道平面半通径为 $p = h^2/\mu$，由半通径和半长轴得偏心率：

$$e = \sqrt{1 - \frac{p}{a}} \qquad (7-4)$$

$$\omega = \arccos\left(\frac{r}{r} \cdot N\right) - \theta \qquad (7-5)$$

真近点角和近地点幅角：

$$\theta = \arccos\left(\frac{p-r}{er}\right) \qquad (7-6)$$

3）电流和地磁场相互作用理论

空间中的 EDT 在开始工作之前，首先需要控制单元释放绳系，并对展开过程进行控制。下面讨论的是绳系完全释放展开后且在重力梯度力的作用下推导得到的公式。

由于地球周围存在磁场，当 EDT 系统在轨道运动时，会切割地磁场线，沿着绳系方向产生电势，可用来计算电势：

$$E_m = V_r \times B \qquad (7-7)$$

其中，E_m 是绳系上产生的电场强度；V_r 是绳系绕地球旋转的相对速度；B 是地磁强度。电流与地磁场相互作用产生洛伦兹力，可表示为

$$F = \int_0^l I \mathrm{d}l \times B \qquad (7-8)$$

例如，对于运行在地球赤道平面上的 EDT 系统，其速度大小为 7.5 km/s，电场强度为 20 μT。对于一段长为 5 km 的绳系，由式（7-8）可以初步估算出，绳系收集电流可达 10~20 A，可产生 0.5~1 N 的洛伦兹力，该力可以在相对较短的时间内使空间碎片或废弃卫星降轨。

4）轨道动力学模型

在仿真程序中，EDT 系统绕地球运动，计算变轨过程时，使用相对二体运动轨道计算原理，根据开普勒运动方程，系统在地心惯性坐标系中的运动方程为

$$\ddot{r} = -\frac{\mu}{r^3} + \frac{F}{m_2} \qquad (7-9)$$

其中，$\ddot{r}$ 为系统在地心惯性坐标系中的加速度矢量；r 为卫星到地心的距离；μ 为地球引力常数；F 表示作用在系统上的摄动力，这里仅考虑洛伦兹力和大气阻力。

式(7-9)是一个六阶的非线性微分方程，若给定六个初始条件，则此方程可解。这六个初始条件可以确定六个积分常数。这六个积分常数即为轨道六根数。然后根据每个时刻 EDT 系统所处的位置，求解摄动力方程，即可实现迭代，求出下一个时刻的受力情况。

设摄动力的分量为 f_r，f_θ，f_n，则有

$$f = f_r r_0 + f_\theta \theta_0 + f_n n_0 \tag{7-10}$$

根据轨道的摄动理论，各轨道参数的变化率有如下关系：

$$
\begin{cases}
\dfrac{\mathrm{d}a}{\mathrm{d}t} = \dfrac{2a^2}{\sqrt{\mu p}} [e\sin\theta \cdot f_r + (1 + e\cos\theta) \cdot f_\theta] \\[2mm]
\dfrac{\mathrm{d}i}{\mathrm{d}t} = \dfrac{r}{\sqrt{\mu p}} \cos(\omega + \theta) \cdot f_n \\[2mm]
\dfrac{\mathrm{d}\Omega}{\mathrm{d}t} = \dfrac{r}{\sqrt{\mu p}} \dfrac{\sin(\omega + \theta)}{\sin i} \cdot f_n \\[2mm]
\dfrac{\mathrm{d}\omega}{\mathrm{d}t} = \sqrt{\dfrac{p}{\mu}} \left[-\dfrac{\cos\theta}{e} \cdot f_r + \left(1 + \dfrac{r}{p}\right) \dfrac{\sin\theta}{e} \cdot f_\theta - \dfrac{r}{p}\sin(\omega + \theta)\cot i \cdot f_n \right] \\[2mm]
\dfrac{\mathrm{d}e}{\mathrm{d}t} = \sqrt{\dfrac{p}{\mu}} \left\{ \sin\theta \cdot f_r + \left[\left(1 + \dfrac{r}{p}\right)\cos\theta + \dfrac{re}{p} \right] \cdot f_\theta \right\} \\[2mm]
\dfrac{\mathrm{d}p}{\mathrm{d}t} = 2\sqrt{\dfrac{p}{\mu}} r \cdot f_\theta
\end{cases}
\tag{7-11}
$$

5）空间环境模型

EDT 系统的洛伦兹力完全依赖于环境，因此必须建立真实的环境模型。本书采用了世界地磁场模型（WMM 参考模型）、国际参考电离层模型（IRI2007）和 300 km 以下的大气密度模型。

（1）地磁场参考模型。详见 2.1 节。

（2）国际参考电离层模型。空间轨道上的 EDT 需通过与周围环境中的电离层进行带电粒子交换，构成闭合电流回路，使导体绳中产生连续电流。因此，空间电离层环境在 EDT 的正常工作中扮演着必不可少的角色，对空间电离层特性的研究可以为 EDT 带电粒子收集、发射组件的设计和空间任务的规划提供参考。

目前公认的模型是国际参考电离层模型(IRI),它是利用全球电离层测站及卫星观测数据建立的电离层经验模型,并广泛用于电离层研究领域。IRI 模型主要的数据来源于全球电离层探测仪网络、非相干散射雷达、火箭探空数据、地面接收的卫星数据和电离层探测卫星数据等。

图 7-14 是利用 MATALB 程序调用 IRI 程序,通过计算得到的全球等离子层中的电子密度分布示意图。由图 7-14 可知,随着轨道高度的增加,电子密度开始增加,但是到达一定高度后反而减小。

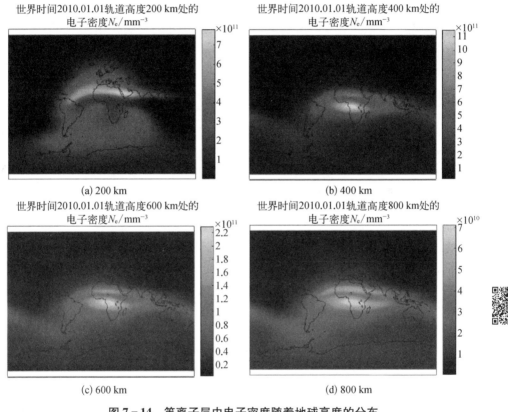

图 7-14　等离子层中电子密度随着地球高度的分布

(3) 大气密度模型。在高度低于 500 km 的低地球轨道上,大气阻力摄动对卫星的影响较为明显,是航天器受到的主要摄动力之一。对于 EDT 降轨系统,大气阻力可以加速 EDT 系统的降轨,减少降轨时间,因此有必要在仿真程序中考虑大气阻力的贡献。

为了方便计算大气阻力,这里的仿真模型做了如下假设:① 只考虑与系统飞行速度反方向的大气阻力分量;② 大气密度公式中只包含高度一个变量。当大气运动是自由分子流的状态时,EDT 系统相对轨道坐标系的大气阻力公式可写为

$$f_D = -\frac{1}{2}C_D \rho \Delta V^2 S \qquad (7-12)$$

其中, C_D 为阻力系数,通常取 $C_D \approx 2.2$; ρ 为大气密度; ΔV 为航天器相对于大气的运行速度; S 为垂直于相对速度方向的投影面积。

其中大气的密度不仅与地心纬度、轨道高度、季节变化及昼夜时间有关,还会受其他一些随机因素的影响。目前比较常用的国际参考大气模型有 CIRA 和 MSIS 模型,尽管各种大气模型之间都存在着或多或少的差别,但在大气密度方面几乎都反映了几个相同的基本特征:① 大气密度随着高度的增加而减小,且减小的速率随着高度增加而变慢;② 大气密度的分布受太阳辐射的影响作用相当明显,而且高度越高,这种变化越大。本仿真程序中采用的是 CIRA 大气模型,其中大气密度的变化规律可以表示成高度的函数:

$$\rho = \rho_0 e^{\frac{h_0-h}{H}} \qquad (7-13)$$

其中, ρ_0 为参考高度 h_0 处的参考大气密度,即 $\rho_0 = 10\times10^{-15}\ \text{km/m}^3$; $h_0 = 100\ \text{km}$; h 为实际高度; H 为大气标高,是表征地球的大气密度随着高度增加而减小的速率的量,其在 $200 \sim 600\ \text{km}$ 的表达式为

$$H(h) = H_0 + 0.05(h - h_0) \qquad (7-14)$$

从式(7-13)可知,在高度小于 300 km 范围内的大气密度变化非常大,大于 300 km 之后变化缓慢。假设有一根直径 $d = 1\ \text{mm}$,长度 $l = 10\ \text{km}$ 的金属导电绳,忽略绳系所受航天器的影响,系统的初速轨道高度为 450 km,绳系完全展开且垂直指向地心,所受的大气阻力:

$$f_D = \int_0^l \frac{1}{2}C_D \rho \Delta V^2 dS < \frac{1}{2}C_D \rho \Delta V^2 S \qquad (7-15)$$

代入数据后计算得到 $f_D < 7.1\ \text{mN}$, 在后面的仿真计算中可以看出,大气阻力相对于洛伦兹力非常小,可以忽略其对系统的影响,在仿真程序中只考虑 300 km 以内降轨的大气阻力的影响。

6) 系统质量模型

本书算例中的 EDT 系统分为三大模块:绳系模块、释放控制模块和接触器模块。每个模块质量在仿真程序中采用用户自定义输入,释放控制模块质量和接触器模块质量加在一起称为终端总质量。

在仿真程序中输入每段绳系的尺寸和密度参数,可以得到绳索的质量。本书的绳系采用的是带状绳系,其包括三个部分的质量:裸线导电部分(m_c)、绝缘导

线部分 (m_i) 和非导电绳 (m_f)。绳系总质量 (m_t) 为其三者之和:

$$m_t = m_c + m_i + m_f = (\rho l)_c + (\rho l)_i + (\rho l)_f \qquad (7-16)$$

为了能够考察不同空间碎片质量对 EDT 降轨性能的影响,本书的仿真工具将待降轨的空间碎片质量也作为用户输入参数,仿真程序中的默认质量设置为 1 000 kg。

EDT 系统使用的工质是氙气,氙气质量由空心阴极的发射特性确定,本书算例采用的空心阴极发射特性曲线是其在 5 sccm 流量下测量得到的。氙气用量计算公式为

$$m_{Xe} = \dot{m}_{Xe} \cdot \Delta t \qquad (7-17)$$

其中, $\dot{m}_{Xe}$ 为氙气的质量流量; Δt 为降轨时间。仿真程序采用定流量模式,可以用户自定义。

图 7 - 15 为本书设计的一种 EDT 降轨系统的质量分布模型,其中导电绳长 5 km,待降轨的空间碎片 m_t = 1 000 kg。从图中可以看出,终端质量与绳系质量的和不超过总系统质量的 5%。

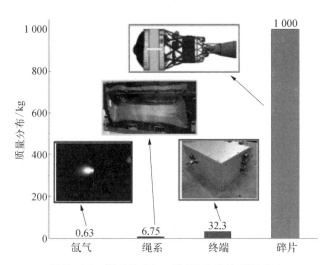

图 7 - 15　绳长为 5 km 的 EDT 系统质量分布

EDT 系统的参数设置:导电绳长 5 km,绳子宽度 1 cm,绳子厚度 50 μm,待降轨的碎片或航天器质量为 1 000 kg,轨道倾角为 0°,阴极电流发射端采用空心阴极。由此计算得到 EDT 系统导电绳的电流电势定量分布如图 7 - 16 所示。由图可知,系统建立的电流和电势的分布完全与模型吻合,绳系最终耦合平衡电流可达 4.3 A。

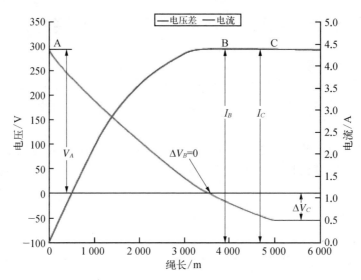

图 7 - 16　长 5 km 导电绳上的电压和电流分布

2. 电动力绳系降轨系统的洛伦兹力特性

为了方便后续的 EDT 系统的洛伦兹力特性的讨论和研究,需要设置一个基准工况。不同于以往的研究中将阴极的偏置电压设置为常数,这里的基准工况采用实际空心阴极测得的电流电压发射特性参数,具体的 EDT 降轨系统的参数为:导电绳长 5 km,宽 1 cm,厚 50 μm(带状绳系),降轨的碎片质量为 1 000 kg,轨道倾角为 0°,阴极电流发射端采用 C - V 模型(变电流电压模式,记为 AC),EDT 所在的轨道半长轴长度 7 000 km,降轨 500 km,基准工况的参数设置如表 7 - 1 所示。

表 7 - 1　基准工况设置

电压模式	降轨距离/km	绳系参数				轨道参数		
		绳长/km	绳厚/μm	绳宽/cm	质量/kg	半长轴/km	轨道倾角/(°)	偏心率
AC	500	5	50	1	6.75	7 100	0	0

1) 轨道六根数对洛伦兹力特性影响分析

由轨道摄动方程可知,洛伦兹力的摄动会引起轨道六根数的变化,由图 7 - 17 可知,EDT 降轨只需约 353 h 即可将 1 000 kg 碎片从半长轴 7 100 km 降到 6 600 km,这是由于在轨道范围,基准工况产生的洛伦兹力能达到牛顿级别。由图 7 - 17(a)可知,降轨的过程中,随着轨道高度的降低,降轨的速率越来越大。这是由于轨道高度越低,地磁场越大,洛伦兹力的摄动越大。同时在降轨过程中出现了不同程度的振动现象,由于在变轨的过程中,EDT 系统在地球的阳照区和阴照区交替出现,阳照区和阴照区的等离子密度变化较大。等离子密度分布的波动,引起了空间电荷吸收的波动,导致洛伦兹力产生波动。这就使得 EDT 在降轨过程中虽然半长轴在总体上是下降的趋势,但是会伴随交替变化的波动。

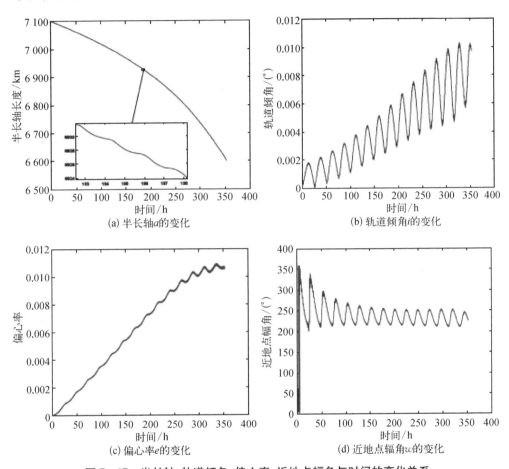

图 7 - 17　半长轴、轨道倾角、偏心率、近地点幅角与时间的变化关系

(a) 半长轴 a 的变化
(b) 轨道倾角 i 的变化
(c) 偏心率 e 的变化
(d) 近地点幅角 w 的变化

由图 7 - 17(b)可知,虽然初始设置在赤道平面上进行降轨,但是,洛伦兹力的波动导致轨道倾角的波动,总体上振动角较小,可以认为还是保持在赤道平面进行变轨的。由图 7 - 17(c)可知,虽然初始设置为在赤道平面上进行降轨,洛伦兹力的波动导致了轨道倾角的波动,但是总体上波动的角度范围较小,还可以近似认为是保持在赤道平面内进行变轨的。由图 7 - 17(c)、图 7 - 17(d)可知,初始的降轨轨道虽然为圆轨道,但也由于洛伦兹力的变化,偏心率与近地点幅角存在突破和波动。其中偏心率变化最大幅值不超过 0.012°,可以近似认为保持在圆轨道进行降轨。

空间环境和洛伦兹力的变化必然导致 EDT 系统轨迹的变化,如图 7 - 18 所示。在图 7 - 18(a)中,在洛伦兹力摄动力的作用下,轨道高度逐渐降低,这和图

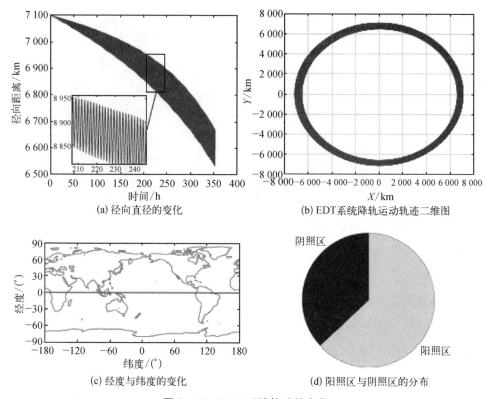

图 7-18　EDT 系统轨迹的变化

7-17(a)中的半长轴变化趋势一致;另外,需要注意的是,图 7-18(a)中的径向离地球中心的距离,是基于 WGS84 椭圆地球系统模型的,在 EDT 系统绕地球转动的一个运动周期内会经过椭圆轨道的最高点和最低点,相应地在降轨高度曲线上会呈现周期性波动。图 7-18(b)反映出 EDT 系统在 0°轨道倾角下的运动变化轨迹,可以看出轨道总体上近似保持圆轨道。半长轴在 7 100 km 以内的系统的运动速度非常快,从图 7-18(c)可以看出,系统总体保持在赤道平面内进行降轨,这是因为轨道倾角变化非常小。降轨过程中 EDT 系统处于阳照区的时间约是阴照区的两倍[图 7-18(d)],阳照区的空间等离子层中的电子密度大,会造成洛伦兹力变大,这也是图 7-18(a)的轨道高度下降曲线下降速率的波动有着相似的两倍周期关系的原因。

2) 空间环境对洛伦兹力特性的影响

在 EDT 的降轨过程中,所处的空间环境时刻发生变化(图 7-19),环境中的等离子体密度和磁场强度又决定了洛伦兹力的大小。因为大气阻力会影响降轨时的总推进力大小(大气阻力对于 EDT 降轨系统是有助于总体降轨效率的),所以这里的降轨过程考虑大气阻力。

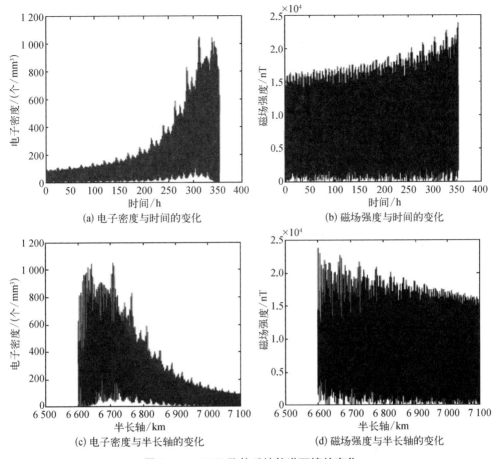

图 7 - 19　EDT 降轨系统轨道环境的变化

　　磁场强度随着轨道高度的降低逐渐增强。随着轨道高度的降低,等离子体层中的电子密度先增大而后开始减小;在降轨时间 325 h 后,在半长轴 6 650 km 处,等离子密度有开始减小的趋势。两者的变化趋势最终会综合反映到洛伦兹力的变化上。由图 7 - 20 可以看出,随着降轨高度的下降,洛伦兹力逐渐增大而后开始减小;在降轨时间为 325 h 时,洛伦兹力明显开始减小,这和上述等离子体层中的电子密度的变化是正相关的;这说明洛伦兹力受环境电子密度的影响稍大于地磁场的影响;同时注意到,虽然在 325 h 后洛伦兹力是开始减小的,但总的降轨推进力还是逐渐增大的[图 7 - 20(b)]。

　　从图 7 - 21(a)可以看出,大气阻力呈指数级增长,低于距离地球 300 km 处的大气阻力增加强烈,这使得总推进力反而增加,加速了 EDT 系统离轨。为了方便对比大气阻力对总推进力的贡献变化,图 7 - 21(b)将总推进力沿着地球 ECI 坐标系也进行了分解,方便和图 7 - 21(a)进行对比。

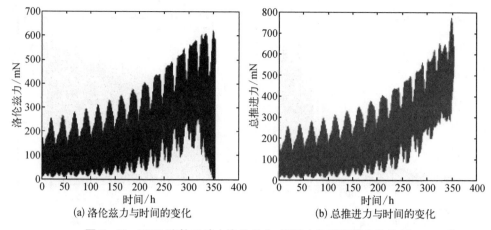

(a) 洛伦兹力与时间的变化　　　　　　　　(b) 总推进力与时间的变化

图 7‑20　EDT 降轨系统中洛伦兹力、推进力与时间的变化关系

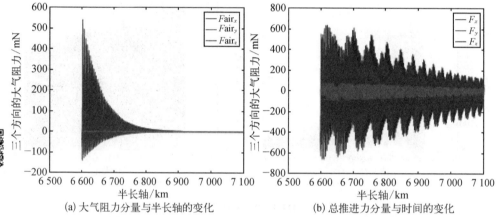

(a) 大气阻力分量与半长轴的变化　　　　　(b) 总推进力分量与时间的变化

图 7‑21　EDT 系统降轨中大气阻力分量、推进力分量与半长轴的变化关系

3）HCPC 对洛伦兹力特性的影响

EDT 系统在降轨的过程中,裸线绳吸收电子,空心阴极用来发射电子,两者达到动态平衡,若空心阴极发射电流的能力较弱,则会导致耦合电流变小,影响洛伦兹力的大小。

从图 7‑22(a)可以看出,对于长 5 km 的裸线绳,可以产生约 1 A 的耦合电流(也等于空心阴极接触器发射电流);随着轨道高度的降低,电流平均值逐渐升高。空心阴极接触器发射电流也呈现了正相关的趋势;另外,由图 7‑22(b)可以看出,在降轨 325 h 处 I_c 端电流突然下降,这与图 7‑18(a)中等离子体层中的电子密度变化趋势符合。

以往在研究 EDT 降轨时,大多数研究假设阴极的偏置电压为常数。由图 7‑23(a)可知,感应电动势可以达到一千多伏特,相比之下,阴极的偏置电压平均

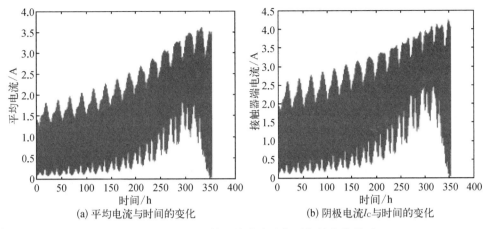

(a) 平均电流与时间的变化　　　　　　(b) 阴极电流I_C与时间的变化

图 7 - 22　EDT 降轨系统中电流与时间的变化关系

只有约 50 V(参见第 3 章),这种假设在绳系的平均电动势较高时的确存在一定的合理性,但在绳系电动势减弱时会存在较大的误差(将在下文讨论)。另外,由图 7 - 23(b)可知,在降轨末期,同样是 325 h 处,阳极端的电压突变,呈现上升的趋势,绳系上电势分布突变会引起绳系收集电子和释放电子的性能的突变,这时也必须考虑阴极接触器的实际放电特性,以及其对 EDT 系统产生的洛伦兹力的影响。

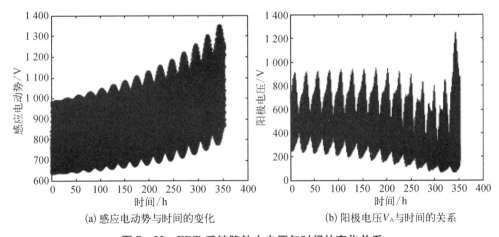

(a) 感应电动势与时间的变化　　　　　　(b) 阳极电压V_A与时间的关系

图 7 - 23　EDT 系统降轨中电压与时间的变化关系

4) 与化学火箭推进系统的对比分析

为了客观评估利用裸线 EDT 进行碎片降轨的优势,需要与传统化学推进方式做比较,分析优缺点。首先需建立化学推进降轨模型,这里的化学推进轨道转移采用最节省推进剂的轨道转移方案,即霍曼轨道降轨。

图 7 - 24 为霍曼转移轨道示意图,在轨道 1 经过一次减速到转移轨道,在转移轨道上经过二次减速到轨道 2 上,从而实现霍曼轨道降轨。

首先可以计算初始位置的机械能：

$$E = \frac{1}{2}mv^2 - G\frac{Mm}{r} = -G\frac{Mm}{2a} \quad (7-18)$$

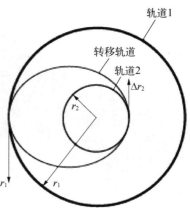

图 7-24 霍曼轨道转移变轨模型

式中，m 为系统质量；G 为引力常量；r 为系统质心轨道半径；M 为地球质量；a 为地球轨道半长轴。由此可以得出：

$$v^2 = \mu\left(\frac{2}{r} - \frac{1}{a}\right) \quad (7-19)$$

其中，$\mu = GM$。

两次变轨速度变量：

$$\Delta v_1 = \sqrt{\frac{\mu}{r_2}}\left(\sqrt{\frac{2r_1}{r_1 + r_2}} - 1\right) \quad (7-20)$$

$$\Delta v_2 = \sqrt{\frac{\mu}{r_1}}\left(1 - \sqrt{\frac{2r_1}{r_1 + r_2}}\right) \quad (7-21)$$

式中，r_1 和 r_2 为降轨前后的轨道半径。由开普勒第三定律可得变轨时间：

$$\Delta t = \frac{1}{2}\sqrt{\frac{4\pi^2 a_H^3}{\mu}} = \pi\sqrt{\frac{(r_1 + r_2)^3}{\mu}} \quad (7-22)$$

式中，a_H 为霍曼转移轨道半长轴。

齐奥尔科夫斯基火箭方程为

$$\Delta v = I_{sp}g_0 \ln\frac{m_i}{m_f} \quad (7-23)$$

其中，I_{sp} 为火箭比冲；g_0 为重力常量；m_i 为初始时刻火箭的总质量；m_f 为结束时刻火箭的总质量。根据式(7-23)容易得知，降轨过程中，推进剂的用量：

$$m_p = m_i - m_f \quad (7-24)$$

为能直接进行比较，将 EDT 降轨时需要消耗的氙气(空心阴极接触器产生等离子体团)工质定义为推进剂。对于化学火箭发动机，推进剂质量与发动机质量的比值一般为 0.7～0.9，同时一般姿轨控火箭发动机的比冲范围为 250～300 s。本书选取比冲为 280 s 的固体火箭发动机作为比较对象，进行了三组算例的对比计算。每组算例中均降轨 500 km，需要降轨的空间碎片质量均为 1 000 kg。

由表 7-2 可知,化学推进最显著的优势是所需降轨时间少,EDT 降轨的时间相对较长。轨道高度变化越大,EDT 所需的降轨时间越长,而化学推进的降轨时间几乎不变,因为在化学推进所采用的霍曼转移方案中,两次轨道的半径之和几乎不变。虽然 EDT 的降轨时间相对于化学推进的降轨时间较长,但是总体上满足国际上规定的清理碎片时间的要求。

表 7-2　EDT 推进与化学火箭推进对比

算例	项　　目	初始半长轴/km	降轨高度/km	降轨时间/h	推进剂质量/kg
1	EDT	7 100	500	353.3	0.62
	化学推进	7 100	500	0.78	128.1
2	EDT	7 200	500	491.7	0.86
	化学推进	7 200	500	0.8	125.2
3	EDT	7 300	500	686.2	1.21
	化学推进	7 300	500	0.82	122.4

另外,EDT 的最大优点是所需推进剂量少,在表 7-2 中,对于同样的任务,化学推进系统所需要的推进剂的质量是 EDT 的 100~200 倍,因此利用 EDT 降轨可以大大地降低发射成本,并且只需携带很少量的工质就能完成相同的轨道碎片清理任务;特别是对于多次往返清理空间碎片的任务,EDT 带来的优势会更加明显。

7.2.3　典型空间任务及设想

在 EDT 未来应用方面,我国的研究可以向着以下两个方向发展:

(1) 在未来的卫星平台或火箭第三级加装一种小型的 EDT,在卫星寿命结束或第三级脱落后,通过该种脱轨方式,加速报废航天器进入销毁轨道,从而控制未来在轨垃圾的数量。

(2) 发展 EDT 推进技术与非合作目标捕获技术相结合的卫星平台,这类卫星就好比一个专职的"轨道清道夫",它捕获在轨垃圾、碎片后,通过 EDT 推进变轨,将碎片"搬运"至地球销毁轨道,然后通过 EDT 推进该卫星平台又升轨回到原先轨道,再执行下一次的捕获销毁任务,该方式可大大减少在轨垃圾数量,这样可以作为一种重复利用的自动化装置。

第 8 章
基于空间环境利用的若干新型空间推进

8.1 磁 帆 推 进

1988 年,Andrew 和 Zubrin 提出了一种新型的无工质推进技术——磁帆推进。磁帆的典型构型如图 8-1 所示,磁帆由最外圈的线圈、中心的航天器、连接线圈与航天器的绳索构成。为了产生足够强的磁场,线圈通常由超导线圈组成。超导线圈通电之后,线圈中的电流会产生磁场,在航天器周围产生的磁场类似偶极磁场。该磁场与等离子体相互作用,产生推力,可以为航天器加速或减速。

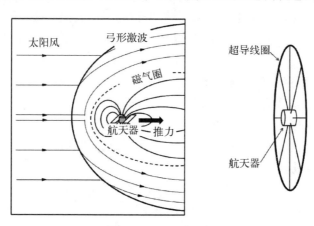

图 8-1 磁帆的组成

8.1.1 磁帆的工作原理

人工产生的磁场阻挡了太阳风,形成了磁层,太阳风等离子体流向磁场的时候被磁层顶的电流层隔开。进入磁层顶的离子被反弹回来,如图 8-2 所示,其中磁层大小 L 由太阳风的动压和磁场磁压决定。磁帆的推力可以表示为

$$F = C_D \frac{1}{2} \rho u_{SW}^2 S \qquad (8-1)$$

其中, C_D 是推力系数;$\frac{1}{2}\rho u_{SW}^2$ 为太阳风动压;S 为磁气圈面积。 推力系数可表示为

$$C_D = 0.36e^{-0.28R_L^2}, \ R_L < 1$$

$$C_D = \frac{0.34}{R_L^2}e^{-\frac{0.22}{R_L^2}}, \ R_L \geqslant 1$$

其中, $R_L = \dfrac{r_i}{L}$ 是离子拉莫尔半径和磁气圈大于 L 之比。

从推力的公式中可以看出,推力大小与磁气圈的面积 $S = \pi L^2$ 相关,增加磁场强度可以增加磁气圈的面积,增强磁帆的推力。

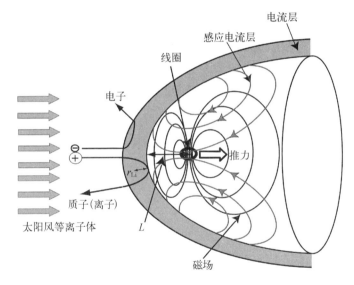

图 8-2　磁帆的工作原理

为了提高推力,需要产生很强的磁场,而强磁场对于航天器的供电系统和超导线圈都提出了很高的要求,因此磁场不能太高。为了增大磁层,Funaki(2005)提出了等离子体增强型磁帆。等离子体增强型磁帆通过航天器自身携带等离子体发生器,向磁场中注入等离子体使磁场膨胀,改变动压和磁压平衡点,从而达到增大推力的目的。然而等离子体与磁场的相互作用非常复杂,还需要进一步的理论和实验来验证等离子体增强磁场的效果。

8.1.2　磁帆的特点及应用

深空探测任务中,化学推进和电推进都需要携带大量的推进剂,推进剂的质量

甚至超过航天器质量的 60%,这严重制约了航天器的设计。磁帆推进不需要消耗推进剂,利用太阳风等离子体产生推力,仅需要航天器提供充足的电能就可以进行星际航行,因此磁帆推进能够在深空探测中携带更多的有效载荷,节约成本,因此非常适合应用于深空探测任务。在星际空间中,也存在微弱的等离子体,可以在星际空间中利用磁帆来对航天器减速。

然而,磁帆推进也有一些不足,首先,磁帆需要依靠太阳风来产生推力,而距离太阳越远,太阳风强度越小,在远离太阳的时候产生的推力较小,并且磁帆对太阳风的相对速度非常敏感,相对速度越小,推力越小,因此磁帆只适用于在太阳系内部探测使用;其次,磁帆产生的推力十分微弱,需要长时间的加速才能达到所需要的速度增量,这对航天器的结构和控制系统的可靠性提出了更高的要求;并且在远离太阳的地方,还需要和其他的推进系统配合才能更好的完成任务。

磁帆的推力取决于磁场大小和太阳风粒子的动能,由于太阳风中的带电粒子动量和太阳光中光子的动量相比要小很多,为了产生足够的推力,需要产生非常大的磁场,图 8 - 3 为 Zubrin 设计的磁帆。这个磁帆直径达到 50 km,重量达到 44 t,产生的推力大约为 70 N。如此巨大的磁帆,对结构设计和发射能力都提出了非常高的要求。

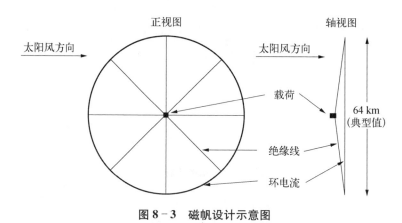

图 8 - 3   磁帆设计示意图

磁帆在使用中需要消耗电能来产生很强的磁场,在远离太阳的地方还需要自带电源来产生电能,因此对航天器的电源系统也提出了很高的要求,利用超导线圈可以减少大量的电能消耗,但是维持超导的工作环境也是目前的技术难题。另外在控制方面,通过调节线圈的方向,电流的大小对磁帆航天器进行姿态控制和轨道控制也是研究的难点。

8.2　其他利用空间环境工作的推进技术

8.2.1　电磁阿尔芬波推进

2017 年,来自美国俄亥俄州航空航天研究所的 Gilland 和 Williams 提出了一种新的利用等离子体波推进的方法。

这种推进方法利用了一种在天体物理学和地球上可以观察到的现象:阿尔芬波(Alfven 波)。它在等离子体中以低于等离子体回旋频率的频率传播。

为了耦合周围的等离子体和磁场环境,需要设计一个天线和一定频率的交流电源来发射 Alfven 波。天线的设计和电源频率由等离子体环境和 Alfven 波色散关系决定,天线尺度与波长的尺度相似,电源频率低于离子回旋频率。在这些条件下,装置直接发射 Alfven 波,形成辐射压力,从而在天线上产生推力,如图 8-4 所示。

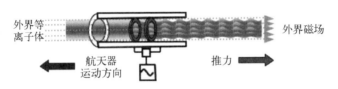

图 8-4　电磁 Alfven 波推进

8.2.2　电磁桨推进

2017 年,上海卫星工程研究所的侍行剑提出了一种电磁桨推力器的概念,以恒星际等离子体为工质,利用带电粒子在正交匀强电场和磁场中的电漂移效应,产生对航天器的推力,推导了电磁桨推力器的推力公式,结合实际工程技术水平,设计了初步电磁桨推力器方案和试验验证方案。计算表明,航天器无须携带工质,每年可达到 1 056 m/s 的增速。

参考文献

齐乃明,霍明英,袁秋帆,2013. 电动帆轨迹优化及其性能分析. 宇航学报,34(5)：634-641.

王立峰,汪洋,李昊,2013. Chebyshev 局部配点法在轨迹优化中的应用. 哈尔滨工业大学学报,45(5)：95-100.

王昱,边炳秀,李永,等,2015. 电帆日心悬浮轨道稳定控制. 航天控制,33(5)：39-47.

王昱,边炳秀,李永,等,2015. 电帆深空转移轨迹制导方法研究. 第 27 届中国控制与决策大会,青岛.

王昱,魏延明,边炳秀,等,2015. 基于粒子群算法的电帆轨迹优化设计. 中国空间科学技术,32(3)：36-44.

Ashida Y, Funaki I, Yamakawa H, et al. , 2012. Thrust evaluation of a magnetic sail by Flux-Tube model. Journal of Propulsion and Power, 28(3)：642-651.

Ashida Y, Yamakawa H, Funaki I, et al. , 2013. Thrust evaluation of small-scale magnetic sail spacecraft by Three-Dimensional Particle-in-Cell Simulation. Journal of Propulsion and Power, 30(1)：186-196.

Bock H G, Plitt K J, 1984. A multiple shooting algorithm for direct solution of optimal control problems. Proceeding of the 9th IFAC World Congress, 17(2)：1603-1608.

Bolonkin A,2006. Theory of space magnetic sail some common mistakes and electrostatic magsail. 14th AIAA/AHI Space Planes and Hypersonic Systems and Technologies Conference,Canberra.

Colasurdo G, Pastrone D, 1994. Indirect optimization method for impulsive transfers. AIAA Journal.

Envall J, Janhunen P, Toivanen P, et al. , 2014. E-sail test payload of ESTCube-1 nanosatellite. Proc. Estonian Acad. Sci. , 63(Suppl 2)：210-221.

Fahroo F, Ross I M, 2013. Trajectory optimization by indirect scpectral collocation methods. Astrodymamics Specialist Conference, Hilton Head Island.

Funaki I, 2005. Feasibility study of magnetoplasma sail. 29th the International Electric Propulsion Conference. Princeton.

Funaki I, Kajimura Y, Ashida Y, et al. ,2013. The use of dipole plasma equilibrium for magnetic sail spacecraft. Fusion Science and Technology,63(1T)：168-171.

Gould N, Orban D, Toint P, 2005. Numerical methods for large-scale nonlinear optimization. Acta Numerica, 14(14)：299-361.

Hargraves C R, Paris S W, 1987. Direct trajectory optimization using nonlinear programming and collocation. Journal of Guidance Control and Dynamics, 10(4): 338 – 342.

Holsapple R, Venkataraman R, Doman D B, 2003. A modified simple shooting method for solving two-point boundary-value problems. IEEE Aerospace Conference Proceedings, 6: 2783 – 2790.

Huntington G T, 2007. Advancement and analysis of a Gauss psedospectral transcription for optimal control problems. Massachusetts institute of technology, Cambridge, 115 – 143.

Janhunen P, 2004. Electric sail for spacecraft propulsion. J. Prop. Power, 20(4): 763 – 764.

Janhunen P, 2008. The electric sail — a new propulsion method which may enable fast missions to the outer solar system. J. British Interpl. Soc. , 61(8): 322 – 325.

Janhunen P, 2009. Increased electric sail thrust through removal of trapped shielding electrons by orbit chaotisation due to spacecraft body. Ann. Geophys. , 27: 3089 – 3100.

Janhunen P, 2009. On the feasibility of a negative polarity electric sail. Ann. Geophys. , 27, 1439 – 1447.

Janhunen P, 2010. Electrostatic plasma brake for deorbiting a satellite. J. Prop. Power, 26: 370 – 372.

Janhunen P, 2011. Status report of the electric sail in 2009. Acta Astronaut. , 68: 567 – 570.

Janhunen P, 2013. Photonic spin control for solar wind electric sail. Acta Astronaut. , 83: 85 – 90.

Janhunen P, 2014. Electric sail, photonic sail and deorbiting applications of the freely guided photonic blade. Acta Astronaut. , 93(1): 410 – 417.

Janhunen P, 2014. Simulation study of the plasma-brake effect. Ann. Geophys. , 32: 1207 – 1216.

Janhunen P, Lebreton J P, Merikallio S, et al. , 2014. Fast E-sail Uranus entry probe mission. Planet. Space Sci. , 104: 141 – 146.

Janhunen P, Merikallio S, Paton M, 2015. EMMI — Electric solar wind sail facilitated Manned Mars Initiative. Acta Astronaut. , 113: 22 – 28.

Janhunen P, Quarta A, Mengali G, 2013. Electric solar wind sail mass budget model. Geosci. Instrum. Method. Data Syst. , 2: 85 – 95.

Janhunen P, Sandroos A, 2007. Simulation study of solar wind push on a charged wire: basis of solar wind electric sail propulsion. Ann. Geophys. , 25(3): 755 – 767.

Janhunen P, Toivanen P, 2015. Safety criteria for flying E-sail through solar eclipse. Acta Astronaut. , 114: 1 – 5.

Janhunen P, Toivanen P, Envall J, et al. , 2014. Overview of electric solar wind sail applications. Proc. Estonian Acad. Sci. , 63: 267 – 278.

Janhunen P, Toivanen P K, Polkko J, et al, 2010. Electric solar wind sail: toward test missions. Rev. Sci. Instrum. , 81: 111301.

Kajimura Y, Funaki I, Matsumoto M, et al. ,2012. Thrust and attitude evaluation of magnetic sail by Three-Dimensional hybrid Particle-in-Cell code[J]. Journal of Propulsion and Power,28(3): 652 – 663.

Kajimura Y, Usui H, Funaki I, et al. ,2010. Hybrid Particle-in-Cell simulations of magnetic sail in laboratory experiment. Journal of Propulsion and Power,26(1): 159 – 166.

Katz I, Gardner B M, Mandell M J, et al. , 1997. Model of plasma contactor performance. J. Spacecr. Rockets, 34(6): 824 – 828.

Kestilä A, Tikka T, Peitso P, et al. , 2013. Aalto – 1 nanosatellite — technical description and mission objectives. Geosci. Instrum. Method. Data Syst. , 2: 121 – 130.

Khursid O, Tikka T, Praks J, et al. , 2014. Accommodating the plasma brake experiment on-board the Aalto – 1 satellite. Proc. Estonian Acad. Sci. , 63: 258 – 266.

Kleshch V I, Smolnikova E A, Orekhov A S, et al. , 2015. Nano-graphite cold cathodes for electric solar wind sail. Carbon, 81(1): 132 – 136.

Kluever C A, Pierson B L, 1995. Optimal low-thrust three-dimensional Earth-moon trajectories. Journal of Guidance, Control, and Dynamics, 18(4): 830 – 837.

Lätt S, Slavinskis A, Ilbis E, et al. , 2014. ESTCube – 1 nanosatellite for electric solar wind sail in-orbit technology demonstration. Proc. Estonian Acad. Sci. , 63: 200 – 209.

Mengali G, Quarta A, 2009. Non-Keplerian orbits for electric sails. Cel. Mech. Dyn. Astron. , 105 (1/2/3): 179 – 195.

Mengali G, Quarta A, Aliasi G, 2013. A graphical approach to electric sail mission design with radial thrust. Acta Astronaut. , 82(2): 197 – 208.

Mengali G, Quarta A, Janhunen P, 2008. Considerations of electric sail trajectory design. J. British Interpl. Soc. , 61(8): 326 – 329.

Mengali G, Quarta A, Janhunen P, 2008. Electric sail performance analysis. J. Spacecr. Rockets, 45(1): 122 – 129.

Merikallio S, Janhunen P, 2010. Moving an asteroid with electric solar wind sail. Astrophys. Space Sci. Trans. , 6: 41 – 48.

Nishida H, Funaki I, 2012. Analysis of Thrust Characteristics of a Magnetic Sail in a Magnetized Solar Wind. Journal of Propulsion and Power,28(3): 636 – 641.

Nishida H, Ogawa H, Funaki I, et al. ,2006. Two-Dimensional magnetohydrodynamic simulation of a magnetic sail. Journal of Spacecraft and Rockets,43(3): 667 – 672.

Quarta A A, Mengali G, 2010. Electric sail mission analysis for outer solar system exploration. J. Guid. Contr. Dyn. , 33(3): 740 – 755.

Quarta A A, Mengali G, 2010. Electric sail missions to potentially hazardous asteroids. Acta Astronaut. , 66(9): 1506 – 1519.

Quarta A A, Mengali G, Janhunen P, 2011. Optimal interplanetary rendezvous combining electric sail and high thrust propulsion system. Acta Astronaut. , 68: 603 – 621.

Quarta A A, Mengali G, Janhunen P, 2014. Electric sail for near-Earth asteroid sample return mission: case 1998 KY26. J. Aerospace Eng. , 27(6): 04014031 – 1 – 04014031 – 9.

Richardson D L, 1980. Halo-orbit formulation for the ISEE – 3 mission. Journal of Guidance, Control, and Dynamics, 3(6): 543 – 548.

Rosta R, Krömer O, van Zöst T, et al. , 2015. Wrecker: an unreeling mechanism for a thin electrically conductive space tether. CEAS Space J. , 7(1): 53 - 68.

Seppänen H, Kiprich S, Kurppa R, et al. , 2011. Wire-to-wire bonding of um-diameter aluminum wires for the Electric Solar Wind Sail. Microelectronic Engineering, 88(11): 3267 - 3269.

Seppänen H, Rauhala T, Kiprich S, et al. , 2013. One kilometer (1 km) electric solar wind sail tether produced automatically. Rev. Sci. Instrum. , 84(9): 95 - 102.

Sharer P, Folta D, 1996. WIND extended mission design trajectory optimization for solar wind study. AIAA/AAS Astrodynamics Conference, San Diego, CA, 608 - 618.

Slavinskis A, Kulu E, Viru J, et al. , 2014. Attitude determination and control for centrifugal tether deployment on the ESTCube - 1 nanosatellite. Proc. Estonian Acad. Sci. , 63: 242 - 249.

Slavinskis A, Kvell U, Kulu E, et al. , 2014. High spin rate magnetic controller for nanosatellites. Acta Astronaut. , 95(5): 218 - 226.

Slavinskis A, Pajusalu M, Kuuste H, et al. , 2015. ESTCube - 1 in-orbit experience and lessons learned. IEEE Aerospace and Electronics Systems Magazine, 30(8): 13 - 22.

Toivanen P, Janhunen P, 2013. Spin plane control and thrust vectoring of electric solar wind sail by tether potential modulation. J. Prop. Power, 29(1): 178 - 185.

Toivanen P, Janhunen P, Envall J, 2015. Electric sail control mode for amplified transverse thrust. Acta Astronaut. , 106(9), 111 - 119.

Toivanen P K, Janhunen P, 2009. Electric sailing under observed solar wind conditions. Astrophys. Space Sci. Trans. , 5: 61 - 69.

Ueno K, Funaki I, Kimura T, et al. , 2009. Thrust measurement of a pure magnetic sail using parallelogram-pendulum method. Journal of Propulsion and Power, 25(2): 536 - 539.

Walker M J H, Owens J, Ireland B, 1985. A set of modified equinoctial orbit elements. Celestial Mechanics, 36: 409 - 419.

Wang Y, Bian B X, 2017. Trajectory tracking control of electric sail with input uncertainty and saturation constraint. Transactions of the Institute of Measurement and Control, 39(7): 1007 - 1016.

Zubrin, Robert M, Andrews, et al. , 1991. Magnetic sails and interplanetary travel. Journal of Spacecraft and Rockets, 28(2): 197 - 203.